内灘闘争のカルチュラル・スタディーズ

アメリカ軍基地をめぐる風と砂の記憶

稲垣健志 編著

本康宏史
小笠原博毅
星野 太
高原太一
板倉史明
井上法子

青弓社

着弾地観測所跡

内灘にある文化財・資料館と、金沢美術工芸大学がおこなった展覧会を紹介します。「内灘闘争——風と砂の記憶」展２０１８と「内灘闘争——風と砂の記憶」展２０２１・２０２２から、いくつかの作品をピックアップしています。

展覧会については、第2章「内灘闘争の「遺産化・文化財化」に抗う——「内灘闘争——風と砂の記憶」展をめぐって」（稲垣健志）で詳細を論じます。また、宮崎竜成『(●)』（二〇二一年）は、第3章「内灘に耳を傾ける技術——風と砂だけではない「戦後史」を聞く」（小笠原博毅）で議論していて、モノクロの写真も同章に所収します。

着弾地観測所跡

射撃指揮所跡

内灘町歴史民俗資料館・
風と砂の館

石田香『対話』（2018年）

内田望美『それゆけ♡恋バナ号――内灘編』（2018年）

深田拓哉『そこに在ったモノたちに』①（2021年）

深田拓哉『そこに在ったモノたちに』②（2021年）

深田拓哉『そこに在ったモノたちに』③（2021年）

宮崎竜成『(●)』(2021年)

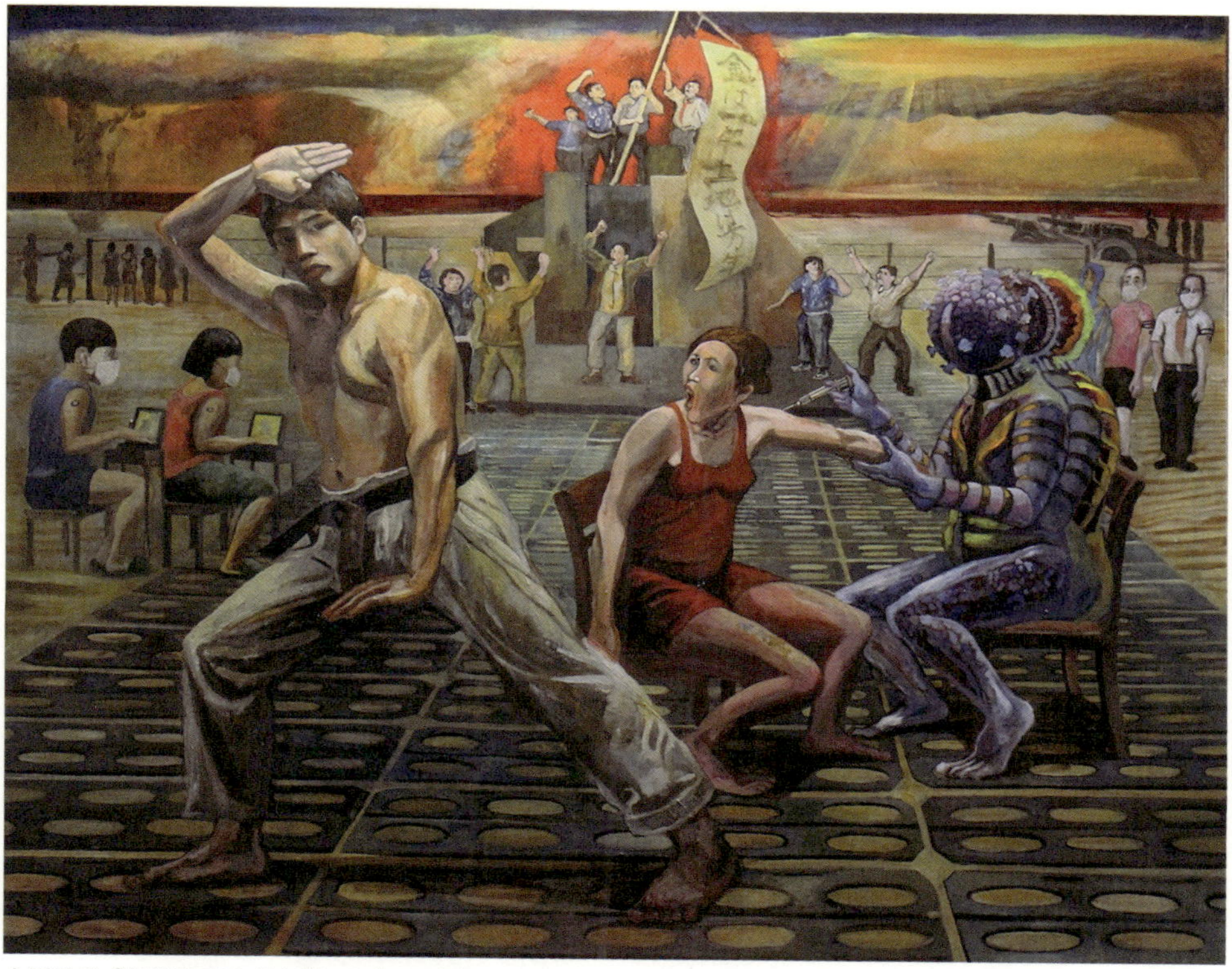

上原勇希『超兵器 R56 号を撃て』(2022年)

石田愛莉『あかのうつろい』（2022年）

岸桃子／金塚良菜／麦谷真緒『同じ場所にいる』（2022年）

内灘闘争のカルチュラル・スタディーズ——アメリカ軍基地をめぐる風と砂の記憶

目次

第3章

内灘に耳を傾ける技術
——風と砂だけではない「戦後史」を聞く

小笠原博毅

第4章

砲撃音のルポルタージュ

——現在の会、伊達得夫、内灘闘争

星野 太

第5章

砂とむしろとカメラ

——内灘の土門拳

高原太一

第6章

『非行少女』に描かれた内灘闘争は敗者を隠蔽する

板倉史明

第7章

短歌での「叙事詩」の可能性
——歌集『内灘』の〈風〉と〈砂〉の歌に着目して

井上法子

表紙と本扉のイラスト——石引パブリック
装丁・本文デザイン——山田信也［ヤマダデザイン室］

凡例

［1］引用文中の（略）は省略を表す。

［2］引用者による補足は〔　〕で示す。

［3］引用に際して、漢字は新字にし、仮名遣いや濁点の有無、ルビ、句読点は原文のまま表記する。

まえがき

稲垣健志

「あの内灘はもう昔の内灘じゃない――」
「さようなら、私の内灘、私の青春――」[1]

「僕、歴史が好きなんです。内灘闘争からの武蔵大和の日本海決戦なんて面白いよね。どんな町なのか興味あって足を延ばしてみたんだ」[2]

石川県河北郡内灘町。金沢市、河北潟、そして日本海に囲まれた人口二万六千人ほどの町である。その内灘の、とある住宅街の脇にある小道の突き当たりに、本書の口絵にある奇妙な形をしたコンクリート製の頑強な建築物はある。なかには二畳ほどの空間があり、スリットからは内灘の海岸と日本海を望むことができる。その脇に立てられた柱には「内灘町指定文化財史跡　着弾地観測所跡」とあり、さらに、次のような説明書きが置かれている。

　この建物は、内灘砂丘が米軍砲弾試射場として試射開始の昭和二十八年三月から三十二年一月まで使用されていた当時のもので、発射された砲弾の的中率や爆発の様子を確認した着弾地観測所跡である。
海岸線を一望できる権現森では抗議の座り込みがおこなわれ、住民や有志による反対運動は戦後初の全国的な基地反対運動に発展し、内灘闘争と呼ばれた。

そう、かつてこの地にはアメリカ軍施設があり、それに反対する運動・内灘闘争が展開されたのだ。本書は、この内灘闘争を文化という側面から読み解こうとするものである。詳しくは第1章「内灘闘争の記憶と文化表象」（本康宏史）を読んでほしいが、まずは簡単にこの内灘闘争を概観しておきたい。

一九五二年九月二十日、内灘村（当時）の砂丘地を、日本に駐留するアメリカ軍の砲弾試射場に使用したいと日本政府から石川県に伝えられた。もとより朝鮮戦争まっただなかのアメリカは日本の企業に大量の砲弾を発注していたが、実戦の前にそれらを試射する場所を探していたのである。内灘町のウェブサイトによれば、日本政府が内灘砂丘に白羽の矢を立てたのは、第二次世界大戦以前に旧日本陸軍の実弾射撃演習場として使用した国有地があること、砂丘地で住民への補償額が少なくてすむと考えたことが理由とされる。内灘村議会はすぐに接収反対を決議し、住民らは反対の署名活動をおこなったが、第四次吉田茂内閣は接収を閣議決定した。これに対して内灘村は、砂丘地の使用は四カ月の期限付きであること、期限後のアメリカ軍駐留は認めないこと、村への補償金は即時現金払いすることなどを接収に応じる条件として提示した。政府はこれを受け入れて、内灘の砂丘にはアメリカ軍試射場が建設されたのである。そう、着弾地観測所とはこの試射場の名残であり、アメリカ軍（と雇われていた日本人）が朝鮮戦争で使用する砲弾が狙いどおり着弾するかをスリットから観測した場所だったのだ。

ただ、話はこれで終わらない。一九五三年三月、実際に試射が開始されると、予想をはるかに超える激しい発射音や炸裂音が地元住民を苦しめた。加えて、国による永久接収も噂されるようになると、石川県全体にも試射場反対の機運が高まった。そして、内灘永久接収反対実行委員会の発足、内灘村民大会での永久接収反対の決議、県議会での無期限使用阻止の声明発表と続いた。しかし、第五次吉田内閣は六月、砂丘地の永久接収を閣議決定した。これを受けて地元住民らは、試射場内の監視小屋での座り込み、国会への陳情、国会議事堂前でのデモなどの抗議活動を激化させ、いわゆる内灘闘争として全国的に知られていく。これに呼応するように、全国の労働組合や学生、革新政党などが闘争を支援し、清水幾太郎や丸山真男などの知識人たちもこれに参加していった。こうして内灘闘争は、戦後日本の各地で展開されるアメリカ軍基地反対運動の始まりに位置づけられることになるのである。

しかし、運動の全国的な盛り上がりとは対照的に、闘争の長期化による閉塞感と生活の困窮のために、村には条件付きの接収許可もやむなしという雰囲気も漂い始めた。もとより、内灘村議会内では、反対闘争はある種の条件闘争と位置づけられていた。そして、アメリカ軍による試射場の使用は三年以内とすること、試射場が不要になった場合はその国有地すべてを村に払い下げることを条件に、九月十四日、内灘村は政府との妥協に応じた。そして、十月四日には反対実行委員会が座り込み小屋を撤去し、内灘闘争は幕を閉じた。

本書の企図は、敗戦後最初のアメリカ軍基地反対運動であるこの内灘闘争をめぐるカルチュラル・スタディーズ（文化研究）である。いわゆる社会運動研究という趣旨ではないため、内灘闘争が何を達成したのか（しえなかったのか）、その教訓は何か、を問うものではないし、闘争を戦後日本の社会運動史の文脈に位置づけるものでもない。「内灘闘争の文化研究」とはつまり、内灘闘争を過去の出来事とせず自分たちの問題としてどう引き受けていくか、その回路を文化に探る試みである。もちろん、この背景には多くの基地を抱える沖縄での反対運動のいまがある。テレビやインターネットで見聞するそうした運動はどこか他人事であり、場合によっては「距離を取りたい」出来事に見える人もいるかもしれない。しかし、基地問題は沖縄だけの問題ではない。戦後の日本を規定してきた日米安保条約や東アジアの政治・経済構造、そうしたものが集約されているのが基地なのであって、決して沖縄だけが抱えている問題ではない。内灘からアメリカ軍施設がなくなったからといって、問題が解決したわけではない。内灘闘争は、「基地の現実」を生きる私たち自身のいま現在の問題であるはずだ。

しかし、『内灘夫人』の主人公・霧子は、自分の青春だった内灘闘争という「過去」に別れを告げたし、『黒い暴動♡』に登場する東京からきた大学生は、内灘闘争を「面白い歴史」だと言った。いや、知っているだけまだ「マシ」かもしれない。内灘闘争などほとんど忘れられているのだ。過ぎ去った過去にも歴史にもしない。ましてや、忘却してはならない。そのために、砂丘に埋もれてしまっている内灘闘争をえぐり出し、それに関わる文化をひもとき、基地反対闘争や社会運動への参加とは違う回路で、これを自分たちの問題として引き受ける必要があるのではないか。もちろん、そうした運動やそれに従事している人を否定するものではない。むしろそういう運動にどう寄り添うのか、伴走できるのかを考えたいのだ。そのために、「基地問題」と私たちを接続させる回路を、より身近に、より文化的に多様化させることはできないだろうか。本書が問いたいポイントはそこである。そのために本書では、アート、文学、写真、映画、身体などの文化から内灘闘争への回路を見いだすことを目的とする。内容が全然足りていないのは百も承知である。『内灘闘争のカルチュラル・スタディーズ』という看板を掲げておきながら、「○○を扱わないのはおかしい」「△△にふれなくていいのか?」、そんな批判は想定内である。内灘闘争の「包括的な文化研究」など初めから目指していない(そして、おそらくそんなものはない)。内灘闘争という言葉を初めて聞いた人も、名前ぐらいは聞いたことがある人も、ちょっと調べたことがある人も、内灘町を訪れたことがある人も、カルチュラル・スタディーズが嫌いな人も、基地問題を「沖縄の問題」にしないために「一緒に考えませんか?」と本書は呼びかけてもいるのだ。本書に足りていないこと、さらに必要なことがあれば、「足りてない」「必要だ」とSNSに書いておしまいにするのではなく、そのアイデアを持ち寄って、みんなで一緒に考えませんか?

注

(1)五木寛之『内灘夫人』(新潮文庫)、新潮社、一九七二年、五〇〇—五〇一ページ
(2)豊田美加『黒い暴動♡』(小学館文庫)、小学館、二〇一六年、八二ページ、原作:『黒い暴動♡』監督:宇賀那健一、二〇一六年

第1章

内灘闘争の記憶と文化表象

本康宏史

1 内灘基地反対闘争の経緯

はじめに

内灘基地反対闘争（内灘闘争）は、一九五二年から五三年にかけて石川県の寒村・内灘村で取り組まれた戦後最初期の基地反対運動である。社会運動史研究では、「戦後はじめての全国的（基地反対）闘争」と評され、この時期の基地反対運動の特徴である「基地住民がみずからの命と暮らしを守ることを根幹として支援勢力との共闘に発展」した闘争ともいわれる。[1] 石川県の地域史研究を含め、内灘闘争に言及している多くの戦後史研究もほぼ同様の理解を示している。[2]

一方、近年では闘争運動の経緯や時代背景だけでなく、村民の抵抗をめぐる言説の分析や村内の社会構造など、政治史や社会運動史を超えた視座からの考察もみられるようになってきた。[3]

こうした研究動向をふまえながら、筆者には内灘闘争の経緯などの基本的な理解、現時点での評価など、一定の共通認識を示すことが求められている。そこで本章は、次の項目を中心に、本書の各章の前提としてこの複雑な運動の概要を整理しておきたい。

①なぜ砲弾試射場が必要だったのか。

②試射場が、なぜ内灘だったのか。
③内灘闘争が全国に波及した理由とは何か。
④村民の分裂、その背景とは何か。
⑤比較的短期間に運動が終結した背景。
⑥内灘闘争の意義、地域への影響。

朝鮮特需と軍需産業

一九五〇年六月に朝鮮戦争が起こると、占領軍の要求で警察予備隊が発足して再軍備が始まり、軍需産業もアメリカ軍の特需を受けて復活した。例えば、小松市を拠点とする小松製作所の総売上高で砲弾特需が占める割合は、最盛期には八〇パーセント近くにも及んだという。

特需生産された砲弾は、試射による検査を経て納入しなければならなかった。またアメリカ軍自身も、演習のための射撃場を日本国内でたえず確保する必要があった。アメリカ軍は発注砲弾の試射場の提供を要求し、政府は候補地の選定と地元との交渉を開始した。日本政府は日米安保条約に拘束されて、全国各地に適地を求めたのである。その際の条件は、海浜沿いの細長く平坦な土地で海上にも射撃可能な地域、冬季日中平均気温〇度以上で積雪五十センチ以下、交通が利便なことなどだった。この条件のもとで内灘と静岡の御前崎、愛知の伊良湖浜が最終候補地に残ったが、補償額は内灘が最も安いものと推算された。これはその大部分が国有地だったためで、補償額は御前崎の十五分の一、伊良湖浜の三十分の一、しかも内灘はやわらかい砂丘地であるという好条件だった。

候補地になった寒村

河北郡内灘村は、金沢の北、日本海と河北潟に挟まれた狭い漁村で、戸数は当時約千戸、人口は約八千人だった。出稼ぎ者が多く常住人口は六千五百人ほどで、全戸の九〇パーセント近くが零細漁業に従事する寒村だった。貧しいうえに男性の大部分は季節漁に出てしまい、村の経済はもっぱら留守を守る女性の肩にかかっていた。

漁業も小型地引き網によるイワシ・イカ漁、それに貝の採集などだった。そして貧しいがゆえに村内（向粟崎や大根布など六地区）の権威でもある地縁的結合が強い規制力をもっていて、封建的ともみえるような網元と舟子の関係も存在した。

これより先、村では一九一四年以降の継続事業として砂防植林を進め、敗戦当時には約七百五十ヘクタールの畑地開墾を成し遂げていた。戦後、この砂丘地返還に関して村と報国土地会社が競合。結局、砂丘は会社に委譲され、それを県が買収して村に帰属させるという県の方針が決定した。しかし、県の整備事業がおこなわれないままに砂丘は警察予備隊の演習場に使用されはじめ、さらに試射場問題が起こったのである。「砂丘を村民の田畑に」という願いには、長い歴史の重みがあったのだ。

なお、内灘は金沢に地理的にも近く、現在は金沢のベッドタウンになっている。しかし当時は、河北潟の漁獲物の消費地として、内灘村のオカカ（主婦ら）が行商（イタダキ）にやってきたものだった。また、昭和初期には、浅野川電鉄（現・北陸鉄道浅野川線）が敷設され、粟崎海岸での海水浴や粟ヶ崎遊園の遊覧など、金沢市民の行楽地の一面もあった。[4]

金は一年、土地は万年

一九五二年九月、農林省農地局長から石川県に内灘砂丘地南北八・二キロメートル、東西一・三七キロメートルの接収決定という政府（第三次吉田茂内閣）の意向が伝えられた。これを知った村民は大騒ぎになる。村では全村一致して試射場接収反対を決議した。おりから第二十五回総選挙（一九五二年十月）の目前で、政府は「接収白紙還元」を発表。事態はいったん鎮静化した。

この間、隣接する金沢市内でも反対運動が急速に高まる。例えば、内灘村民約千人がむしろ旗を押し立てて石川県庁へ陳情した十一月二十日、市内粟崎町（内灘村に隣接）では、粟崎善隣館で同町各団体主催の町民総決起大会が開かれ、「接収絶対反対」を決議している。これに先立ち、金沢市議会も十一月十二日の臨時市議会で、各派共同提案の「接収反対意見書」を全会一致で可決した。内灘砂丘地と粟崎海岸漁場を駐留アメリカ軍に供することは、市民の生活安定と産業都市発展に及ぼす影響がきわめて大きいとして、反対するという趣旨だった。

選挙後に第四次吉田茂内閣が成立し、金沢出身の林屋亀次郎（参議院議員・参院クラブ・丸越百貨店経営者）が国務大臣として入閣、十一月二十五日に閣議は抜き打ち的に接収を決定した。こうして接収問題は再燃した。大臣就任後、初めて故郷に錦を飾った林屋は、村民をはじめとする激しい反対運動に直撃される。金沢駅では、接収反対ののぼりを立てた千五百人の怒号に迎えられた。林屋の帰沢を伝える「北国新聞」（一九五二年十一月二十八日付）の記事には、「労組一千名がデモ／林屋大臣は〝接収反対〟のノボリを立てた内灘村民に押されておよぐように駅前の広場に出た」と報道された。

県庁にたどり着いた林屋は、「四カ月間の一時使用なので」と訴えたが、かけつけた反対派の罵声にかき消されてしまった。しかし、一方で、林屋は村長と村議会議員を金沢の自邸に呼び寄せ、六条件(①八百十八町歩の国有地の払い下げ、②四カ月使用後即時撤退、③更生資金一億円と補償金の即時支払い、④治安風紀保守、⑤文化施設の拡充、⑥道路の補修)を提示して説得。この結果、村議会では内灘接収の六条件を賛成多数で決定し、四カ月間の使用を受け入れたのである。

こうして試射場の建設が始まった。まず、資材・物資の搬入のために、北陸鉄道内灘駅から用地の海岸までの道路に鉄板が敷かれた(鉄板道路[5])。ついで砲座と監視所、弾薬庫が異様な姿をみせ、カマボコ兵舎も建てられた。試射の騒音が日増しに高まるにつれてイワシの漁獲は激減し、赤ん坊はひきつけを起こし、ニワトリは卵を産まなくなった。村民の心に「金は一年、土地は万年」の後悔の気持ちが湧き始めた。一方、政府はすでに内灘の永久使用の方針を決定して継続使用の閣議了解をおこなった。これに反対する地元住民の当局への陳情は激しさを増し、着弾地点への座り込みも繰り返された。

大和と武蔵の内灘沖海戦

一九五三年の三月、衆参両院の選挙が相次いでおこなわれることになった。内灘はいやがうえにも県民注目の政治問題になった。林屋亀次郎の出馬が伝えられていたが、衆議院議員選挙と重なったため、改進党県連内の林屋派は「参院は林屋、衆院は井村」という提案を県連に示した。しかし、改進党県連主流派はこの案を一蹴。井村徳二(改進党県連会長・大和百貨店社長[6])の参院出馬を譲らなかった。こうして参院選挙は、内灘接収の立役者・林屋国務相(自由党)に対して、接収に反対する井村(改進党)が挑むという一騎打ちになった。

野党側も「林屋を倒す」ことを大目標にし、社会党右派から日本共産党（以下、共産党）までの勢力が井村を推薦した。県政史上かつてないといわれるような闘いが両陣営のあいだに繰り広げられた。市民は、両候補者がそれぞれ経営する金沢の百貨店の名をもじって、大和と武蔵の内灘沖海戦と形容した。

県を二分する選挙に際して苦しい選択を迫られる団体もあった。北陸鉄道の労働組合（以下、北鉄労組）である。この組合は前年末に三日間の全線ストライキを決行したほどの戦闘的な組合だったが、その相手はもちろん社長の井村だった。

開票の結果、参院選は井村徳二が二十一万四百九十三票、林屋亀次郎が十九万四千二百七十九票を獲得し、井村が大激戦の末に勝利した。内灘接収反対の声は現職の国務大臣を落選させたのである。選挙中「砲弾一発射つごとに林屋票が一票ずつ減る」と言われ、林屋自身も「内灘問題で敗れた」と語らざるをえなかった。選挙の結果は、当然接収反対運動に大きなはずみになった。さらにこの運動は、北鉄労組の軍事物資輸送拒否のストライキをはじめとして政党や労働団体、学生、知識人などの支援を得て拡大していき、全国注視の基地闘争へと展開した。

2 内灘闘争と文化表象

座り込みと文化人

現地では村民が試射場内に十六棟の漁具小屋を作って入り、民有地である権現森でも座り込みを開始した(7)。それを支援する労働者や学生と警官隊はその外側で衝突し、乱闘になった。その後、砲弾の音が響き始めはしたが闘いは一層高まりをみせ、村民が連日鉄板道路に座り込むなど持久戦に入った。長期化を覚悟した漁民たちも、生活のために夜間出漁を強行した。

一九五三年六月十四日には、北鉄労組執行部が「軍事物資輸送の四十八時間拒否」という闘争指令を発して、闘争本部を浅野川線北鉄金沢駅に移した。こうして運動は激化し、全国的な支援の輪が広がっていく。全国の基地反対運動のなかでは、しばらく「内灘に続け」が合言葉になったという。

この間、現地視察や激励に訪れる著名人も増えていった。六月十七日には臼井吉見が、二十一日には大宅壮一、石川達三、横山泰三らが、二十八日には清水幾多郎、武谷三男、中村哲が内灘を視察し、その視察報告が次々と発表された。内灘闘争の記事を掲載した雑誌は二十誌を超え、「世界」(岩波書店)は特集を組んでいる。また、内灘闘争の記事は、毎日のように全国の新聞紙面を飾った。

地元でも北鉄労組が幻灯フィルム『砂丘は叫ぶ』(監督:未詳、一九五三年)を完成させた。六月二十四日には東京中央合唱団が内灘で平和文化祭を開催し、歌舞伎の前進座も現地を訪れ、金沢公演のカンパを村の実行委員会に手渡している。なお、前進座は前日に金沢市内の北国第一劇場で歌舞伎『児雷也』『猿曳門出諷』を演じ、これを「内灘を守る基金募集興行」として開催した。その際、前進座金沢後援会が、この公演で得た利益全部を闘争資金として支援したものである。

ところで、七月十九日、金沢兼六園の長谷川邸跡で開催された軍事基地反対国民大会（日本教職員組合〔日教組〕主催）は、おそらくこの間の運動の最後の頂点ともいうべき大集会になった。全国から九千人の賛同者が集まり、地元からも、北鉄や全逓、国鉄、金属、繊維、電産、全損保、自由労組などの県内組合員、内灘や七塚（現・かほく市）、宇ノ気（同）の町村民、主婦連合会代表ら多数が参加し、大きな盛り上がりをみせた。集会後、参加者は市内広坂通り―香林坊―武蔵ヶ辻のコースでジグザグ行進を繰り広げている。

アカシアと砂丘

反対運動の切り崩し、内部分裂と弾圧は、予想以上に早く展開した。政府当局やその賛同者は、一方で補償金をてこにし、一方で村民間の対立をあおった。こうした圧力が、「村を分裂させてはならない」と言う村長や村の上層部に妥協的な動きへの口実を与えてしまう。この間に外部の支援勢力も分裂して政党間の足並みは乱れ、運動を支えるバックアップ体制も次第に崩れていった。

こうした段階の村の空気をうかがえる文学作品が残されている。プロレタリア歌人・渡辺順三の歌集『日本の地図』である。この歌集には、「アカシアと砂丘」という、内灘闘争を主題にした連作が収録されている。

美しき砂丘地
ここに遮断され、
有刺鉄条ながながとつづく。（第二十八首）
ねむの花
うすくれないのやさしさを、
手にとるときも砲はとどろく。（第三十三首）(8)

内灘砂丘の美しい自然と人々の暮らし、これを破壊するアメリカ軍基地というモチーフが、全編を貫く作品といえるだろう。

しかし、連作の副題「八月三日、内灘にて」には、運動の変化が落とす微妙な影が示唆されていた。というのも、一九五三年六月の試射再開とともに反対闘争は一層激化したものの、八月に入ると大根布では共産党などの外部団体との絶縁が決定されるなど、村民の運動が変質していく。例えば、問題の八月三日には、緊急村議会で接収妥協案が俎上に載せられ、村民の間で激しい議論が交わされるのである。こうした村民の意識は、次の歌に示されている。

「ご苦労さん」と

声かけて近よる僕らにも
顔をそむけし幾人かあり。（第十九首）
「あれらも赤か」と
ささやきかわす声きこゆ
一つの小屋の前過ぐるとき（第三十二首[9]）

「大衆の悲しみ、喜び、怒りを、自分みずからの悲しみ、喜び、怒りとして歌」うことを信条にした順三の姿勢と政治の現実の間には、少なくないギャップがあったのである。おそらく、「坐りこめる村民のなかにも／いくつかの表情ありて／単純ならず」（第十八首[10]）という雰囲気が、闘争の偽らざる実態ではなかっただろうか。

愛村同志会と村内条件派

皮肉にも、反対運動が高まるなかで共産党系と非共産党系との対立が現れ、内灘村民のなかからも愛村同志会の名で接収賛成派が活動を始めた。

この間、村内の条件派の台頭や右翼による暴行・脅迫事件の頻発、試射の強行による挫折感などによって運動は次第に弱まり、一九五三年九月に中山又次郎村長は河北潟干拓工事の着工や国有地の払い下げ、漁業補償、灌漑施設の整備などを条件に政府側の要望を受け入れ、試射場使用を認めるに至る（ちなみに、政府が先に接収条件として公約した金沢―内灘―宇ノ気産業道路の新設資金は、総額二億四百万円と内定した)。

同月、政府の意向として権現森の賃貸要請が伝えられ、五日には村議会協議会が政府交渉容認を可決。村当局の妥協的な姿勢は急速に加速する。村長や村議らは、交渉反対の声を押しきって上京。十四日には永久接収の取り決めがなされた。闘いは次第に苦しい局面を迎えていく。

こうしたなかで、内灘の青年たちを中心に民主化同盟が結成され(十月末には内灘村革新協議会と改称)、それを母体にした内灘接収反対実行委員会による村長のリコール運動が開始された。東京から帰村した村長を待っていたのは、法定数を突破したリコール署名簿だった。中山村長は辞職し、再出馬を断念。このリコール運動は、内灘最後の闘いでもあった。

この結果、村長選挙は自由党、改進党、革新協議会の三つ巴の闘いになった。しかし、中本長松(自由党支持)が千二百九十一票を獲得してかろうじて勝利。対抗陣営である改進党支持の中村小重候補は千七十八票、内灘接収反対実行委員長の出島権二候補は六百九十五票という結果だった。選挙結果は接収反対運動の終止符でもあったが、一面、強固な保守地盤に反対勢力が食い込んでいることから、村民の成長を物語るものともいえるだろう。

3 闘争の終焉と記憶

闘争の終結とその評価

こうして一年あまりに及ぶ内灘基地反対闘争は終わりを告げた。こののち、一九五七年三月末には砂丘の内灘村への受け渡しが確認されて内灘試射場は消滅した。アメリカ軍のあと自衛隊使用地にならなかったのは、やはり内灘闘争の一つの成果だったとも考えられる(11)。

その後、内灘町では、戦後住宅団地が次々と造成されていく。具体的には、一九五七年に試射場跡地に、石川県の受託政策として現在のアカシア団地の造成が開始され、以来、漸次土地区画整理事業などによる住宅地が誕生、金沢市近郊の住宅都市として発展していった。

しかし、こうした発展の背景には、やはり内灘闘争の影響がある。道路建設など、宅地造成の際のインフラ整備も、内灘試射場接収問題での地元補償が基礎になっていた。また、のちの北陸電力金沢火力発電所（内灘火電）建設計画に対する反対運動も、その底流には内灘闘争を闘った住民の意識があったにちがいない。

半世紀以上を経て内灘も大きく変わった。オカカたちが座り込んだ権現森の砂丘は、雑木が生い茂る丘陵になった。アカシアの樹林が砂嵐を防ぐようになって、寒村は豊かな住宅地に生まれ変わった。樹林の間にぽつんと着弾地観測所跡が残る。闘争を物語る数少ない遺産である。真下をのと里山海道が通っているが、着弾地点はこの道路付近だった。海水浴場に残っていた弾薬庫もすでに撤去されて内灘闘争はさらに遠のいた。

しかし、金沢市民をも巻き込んだ内灘闘争は、今日でも「日本の基地闘争が組織的に大衆運動としてとりくまれた最初の事件」「草の根民主主義への出発点」と高く評価されている。とはいえ、事件後半世紀以上を経たポスト冷戦期の今日、新たな視点をふまえながら、この運動の評価にも、あらためて考察が求められているのではないだろうか。

文化表象としてのウチナダ

内灘基地反対闘争に関しては、従来は社会運動史や政治史、あるいは社会学的な視点から研究が重ねられてきた。アートの介在を契機として文化表象的な視点が本書のきっかけになったシンポジウムのテーマとして提示されたことは、新鮮かつ興味深いものといえるだろう。確かに、内灘闘争の「記憶」をめぐっては、先の大戦同様、実体験を語れる「ウチナダ世代」が急速に減滅していくなかで、当時の記録（記事やルポルタージュ、証言、印刷物）はもちろん、文学（小説や詩歌、評論）、複製芸術（写真や映画、紙芝居）、実物資料（鉄板道路や砲弾）、さらに、景観や遺構（砂丘や森、着弾地観測所跡）などの事柄が、より文化表象的な重要性を増しつつある。(12)

なかでもモノは重要な歴史的表象であり、内灘町の資料館に展示してある不発弾や鉄板道路が歴史を物語っている。例えば、最近では砲弾カートリッジの弾薬箱が発見されて話題になった。この弾薬箱は、新品同様に新しいものである。実は、当時アメリカ軍基地で働いていた地元住民が半世紀以上にわたって自宅の蔵に隠し持っていたものだという。本人の没後に家人が発見したものだった。つまり、一つの弾薬箱にも秘められた属性があり、所蔵者の立場や権力関係を示す表象になっているのである。

あるいは、抵抗のシンボルむしろ旗も、「記憶」の表象という点では、重層的な意味が指摘される。

一向一揆の「伝統」とされるこの旗も、実は近世刊本に掲載された挿図の引用であり、必ずしも中世一揆の実態を踏襲したものではない。しかし、近世の百姓一揆の語りのなかでむしろ旗が抵抗の表象になり、時代を重ねて「記憶」が上書きされてきたのである。肝要なのは、こうした文化表象を読み解くリテラシーだろう。

着弾地観測所跡や射撃指揮所跡、鉄板道路も史跡として「記憶」を支える表象といえるだろう。特に、着弾地近くの権現森は、座り込むオカカたちの写真とともに闘争の象徴とされる。あらためて現地を訪れた際に、腑に落ちたことがある。権現森自体の土地の記憶についてである。実は権現森の由来は、かつてこの地に「黒津船大権現」の社が置かれていたことによるという。しかもその土地は、内灘村民共同体の精神的支柱・小濱神社の旧社殿跡だった。すなわち、権現森は、この地域の「聖地」の表象だったのである（だからこそ、この一角だけ民有地として残った意味もあった）。加えて「黒津船」の名は「コクル船」の転化ともされ、「コクル」が高句麗を指すのであれば黒津船もまた古来、朝鮮半島との深いつながりを示す表象といえるのである。

いずれにせよ、文化表象を読み解くカルチュラル・スタディーズが、「文化がいかに人間の日常的生活に結びついていて、その日常生活がどのように権力の構造に結びついているかについての学問[13]」だとすれば、内灘闘争はこの学問にとって意外に相性がいい考察対象なのかもしれない。

注

（1）佐藤昌一郎「大衆運動の展開と保守・革新」、歴史学研究会編『五五年体制と安保闘争』（「日本同時

代史」第三巻）所収、青木書店、一九九〇年、一二一―一二二ページ

（2）大江志乃夫／藤井松一『戦後日本の歴史――1945～1970』上（青木書店、一九七〇年）、『石川県史 現代篇（三）』（石川県、一九六四年）、内灘町史編さん専門委員会編『内灘町史』（石川県河北郡内灘町、一九八二年）、橋本哲哉／林宥一『石川県の百年』（「県民100年史」、山川出版社、一九八七年）、児玉幸多監修、高澤裕一／橋本哲哉／本康宏史／東四柳史明／河村好光『石川県の歴史』（「県史」第十七巻）、山川出版社、二〇〇〇年）などを参照。

（3）福島在行「「内灘闘争」と抵抗の〈声〉」、広川禎秀／山田敬男編『戦後社会運動史論――１９５０年代を中心に』所収、大月書店、二〇〇六年、森脇孝広「内灘闘争と出稼ぎ漁業の変容」「地域経済ニュースレター」第六十四巻、金沢大学経済学部地域経済情報センター、二〇〇三年、同「１９５０年代日本における漁村社会と漁業秩序の変容」一橋大学博士論文、二〇〇九年

（4）粟ヶ崎遊園は、内灘村の砂丘地に作られた郊外遊園地である。海水浴場を控えた十九・八ヘクタール（六万坪）、兼六園の倍近い敷地には、千人収容の大劇場をはじめ、大広間、料亭、洋食堂、遊戯場、大浴場、貸席、さらに動物園、野球場、スキー場などが建設された。遊園地とそこに客を誘引する浅野川電鉄（通称は浅電。現・北陸鉄道浅野川線）が営業を開始したのは一九二五年。創設者は、北陸の材木王といわれた金沢の平沢嘉太郎だった。

（5）アメリカ軍が試射場へ砲弾や物資を運搬するため、多孔の鉄板を重ねて臨時の道路を敷設した。遺構の鉄板（一メートルほど）が、内灘町歴史民俗資料館・風と砂の館に展示されている。

（6）井村徳二は石川県出身の実業家・政治家。金沢市片町の洋物商・宮市雑貨店を拡充発展させて、県下初の百貨店を創業。東京の三越百貨店の金沢出店に対抗するために京都の大丸と提携して株式会社の宮市大丸を創立し、現在の大和百貨店の基礎を築いた。大衆消費文化の拡大に対応した新しい業態に

挑むとともに国政にも進出し、経済企画政務次官なども務めた。一九五三年の参議院選挙では石川一区から出馬して、三越の金沢進出に関わった国務大臣だった林屋亀次郎（当時、市内武蔵ヶ辻の丸越百貨店の経営者）と戦い、世にいう「大和対武蔵の内灘沖激戦」を繰り広げ、前評判を覆して勝利した。

（7）座り込み戦術に関しては、当時、内灘を訪れた元陸軍参謀・辻政信（石川県出身）による私有地（権現森）に退くようにという勧めがあったという「証言」も残されている。辻政信「内灘の砲弾の下で――波荒き砂丘は嘗ての陸軍演習場だ!!村民との共闘ルポルタージュ!!」（「文藝春秋」一九五三年八月号〔夏の増刊号・涼風読本〕、文藝春秋新社）を参照。

（8）渡辺順三『日本の地図』新興出版社、一九五四年、一六八、一七〇ページ

（9）同書一七〇ページ

（10）同書一六五ページ

（11）本章では詳細にふれる紙幅はないが、内灘闘争の終息をめぐっては、内灘村内での妥協派と強硬派との対立や集落間や集落内の階層関係を検討する必要がある。この点に関して、闘争直後の論考が分析を試みている。さしあたり、進藤牧郎／鈴木寛／宮本憲一「内灘村――その政治・経済構造」（「思想」一九五四年二月号、岩波書店）、臼井吉見「内灘」（「改造」一九五三年八月号、改造社）、大江健三郎「独立十年の縮図――内灘」（「朝日ジャーナル」一九六二年五月六日号、朝日新聞社）、大江健三郎『出発点』（［新装版 大江健三郎同時代論集］第一巻）、岩波書店、二〇二三年）などを参照。

（12）なかでも文芸での「ウチナダ（闘争）」の表象として、五木寛之の『内灘夫人』（一九六八年）や内田康夫『砂冥宮』（実業之日本社、二〇〇九年）、さらに浦山桐郎監督の映画『非行少女』（一九六三年）などがよく知られる。本章では紙幅の関係で捨象するが、例えば文学での事例としては、さしあ

たり篠崎尚夫「安部公房の「ウチナダコメント」」(『星稜論苑』第四十二号、金沢星稜大学学会短期大学部会、二〇一四年)が、安部公房の内灘闘争の記憶と代表的な作品『砂の女』(一九六二年)のモチーフの関係の読み解きを試みている。参照されたい。なお、安部公房「ウチナダコメント」は「補遺II [1947.9-1976.4]」(『安部公房全集30』新潮社、二〇〇九年)に所収。

(13) ローレンス・グロスバーグ/吉見俊哉「ローレンス・グロスバーグ教授との対話」「WNNスペシャル「知の開放」フォーラム」一九九七年(http://www.wnn.or.jp/wnn-special/toshi/forum1/index.html)[二〇二四年六月二十二日アクセス]

[参考文献]

中山又次郎『内灘郷土史』内灘町役場、一九六三年

内灘闘争資料集刊行委員会編/内灘闘争資料集編集委員会編『内灘闘争資料集』内灘闘争資料集刊行委員会、一九八九年

神田正雄/久保田保太郎『日本の縮図 内灘――軍事基地反対闘争の実態』社会書房、一九五三年

北陸政治経済研究所編『内灘』北陸政治経済研究所、一九五四年

第2章

内灘闘争の「遺産化・文化財化」に抗う

——「内灘闘争——風と砂の記憶」展をめぐって

稲垣健志

はじめに——内灘に残る基地・闘争の跡（痕）

内灘には着弾地観測所跡と射撃指揮所跡、そして内灘闘争に関する資料を展示した資料館・風と砂の館があり、地元の小学生などが授業の一環として見学に訪れるという具合に闘争の跡（痕）がいくつか残されている。ただ、ポイントは、「どのように残されているか」である。本書の「まえがき」で示したように、内灘町は着弾地観測所や射撃指揮所を文化財に指定している。この文化財とはいったい何なのか。「文化を財にする」とはいったいどういうことなのか。内灘闘争や着弾地観測所跡などの文脈では、文化財はどのような役割をもつのだろうか。本章では、文化を「財化」するということの意味を考えながら、それに触発された文化実践の例として、金沢美術工芸大学のグループ展「内灘闘争——風と砂の記憶」に着目し、内灘闘争を自分たちの問題として引き受けていく回路としてのアートの可能性を探りたい。

1 文化を「遺産化・財化」するということ

読者の地元や生活空間にも、文化財あるいは文化遺産と呼ばれるものがあるだろうか。あるとすれば、それは地域のシンボル的な建物かもしれないし、超絶技巧の美術工芸品、あるいは芸能のような無形のものかもしれない。われわれは普段から意識的・無意識的に文化遺産や文化財なるものに接したり鑑賞したりしている。では、この文化遺産や文化財とはいったい何なのか。『日本国語大辞典』(小学館)には、「文化遺産」とは「前の時代の文化財で、現在に伝わるもの」とある。では、その文化財とは何か。文化庁のウェブサイトにはこうある。

文化財は、我が国の長い歴史の中で生まれ、はぐくまれ、今日まで守り伝えられてきた貴重な国民的財産です。このため国は、文化財保護法に基づき重要なものを国宝、重要文化財、史跡、名勝、天然記念物等として指定、選定、登録し、現状変更や輸出などについて一定の制限を課す一方、保存修理や防災施設の設置、史跡等の公有化等に対し補助を行うことにより、文化財の保存を図っています。また、文化財の公開施設の整備に対し補助を行ったり、展覧会などによる文化財の鑑賞機会の拡大を図ったりするなど文化財の活用のための措置も講じています。(1)

文化庁のこの説明では、決定的に抜けていることがある。つまり、「まず文化財ありき」のようになっているが、それでは順序が逆で、あるものを同庁が「文化財」に認定することではじめてそれが文化財になるはずだ。あらゆる文化がいつのまにか自然に文化財や文化遺産になるわけではない。特定の文化を財や遺産にする財化・遺産化の局面があるはずである。内灘の文脈をみてみよう。二〇一〇年の内灘町議会第三回定例会で、ある町議から「アメリカ軍施設跡を文化財に指定してはどうか?」と問われた当時の内灘町長・八十出泰成は、こう答弁している。

これらの施設は、さきに申し上げましたように、平和を希求する多くの内灘村民が深くかかわった試射場闘争の記念碑的な遺構であり、平和運動の象徴的な施設として決して風化させてはならないものでありますので文化財として指定する意義は十二分に備えているものと、こう思っているわけでございます。[2]

町長によれば、文化財指定の意義は、内灘闘争を風化させないことにあった。そして土地の所有問題などで話が進まない時期もあったが、五年後の二〇一五年、こうしたアメリカ軍施設跡は文化財に指定された。では、こうした文化財化あるいは遺産化はいったいどういう意味をもつのか。

次にこの遺産化というやや聞きなれない言葉について確認しておきたい。『社会学で読み解く文化遺産』には、「考古学者のK・ウォルシュは、遺産heritageを、一般的に肯定的な性質を持ち、過去との関係性を前提とし、モノや伝統の分類の方法に関わるもので、しばしば壊れやすさも含意すると緩やかに理解した上で、ある対象や場所が機能的な「モノ」から展示・陳列されるものに変換されるプロセスを〈遺産化〉と呼んだ[3]」とある。

少しまとめてみよう。文化遺産や文化財とは「過去のもの」で、その多くは貴重なもので、保存、展示、活用していく対象であり、そのプロセスが遺産化ということだ。つまり、遺産や財とされた文化は、過去のものとして物象化され、鑑賞、活用、消費されるのである。しかし、着弾地観測所跡を前にしたとき、このような「遺産化」には違和感を覚えざるをえない。町長がいうように、内灘闘争は放っておくと風化してしまう「過去のもの」なのか。これは保存されるべき「過去のもの」なのだろうか。内灘闘争はアメリカ軍施設に対する反対運動なのだ。これは決して過去の問題ではなく、多くのアメリカ軍基地を抱える現在のわれわれの問題である。基地と聞くと多くの人は沖縄を想起するかもしれないが、基地問題は沖縄だけの問題ではない。戦後の日本を規定してきた日米安保条約や東アジアの政治・経済構造、そうしたものが集約されているのが基地なのであり、決して沖縄だけが抱えている問題ではない。基地を沖縄に押し付けたうえで、さらに基地問題さえも沖縄に押し付けていいのだろうか。そんなはずはない。だからこそ、内灘闘争を過去の出来事にせず、われわれの問題として引き受けていく必要があるのではないか。

もちろん、遺産化や文化財化に違和感を覚えるからといって、それらを保存することなく全部取り壊してしまえなどといいたいわけではない。例えば、広島市に原爆ドームという世界遺産がある。遺産化に違和感を覚えるのであれば原爆ドームを壊してしまえばいいのかといえば、決してそういうことではない。もちろんきちんと保存・保全すべきだろう。つまり、保存・保全イコール遺産化ではないということだ。原爆ドームという存在は、あれは八十年前に原爆投下という悲惨なことがあった、それを忘れてはならない、というためのものだけではない。過去にとどめるということではなくて、いまを生きるわれわれにとっても非常にアクチュアルな問題を投げかけもするから原爆ドームには価値があるのである。内灘闘争もまたしかりなのだ。アメリカ軍施設跡の文化財指定に奔走した先ほどの町議も、文化財にこだわったわけではない。二〇一四年の町議会で、「文化財指定がされようがされまいが保全策を講じていただきたい」「本当に文化財にならなくてもしっかりと保全していただきたい(4)」と発言している。「文化財」にすることが本質ではない。きちんと保存・保全することが重要なのだ。

2 「内灘闘争——風と砂の記憶」展2018

では、内灘闘争を物象化して過去にとどめることなく、自分たちの問題として引き受けていくその回路はどこにあるのだろうか。ここからは、金沢美術工芸大学の教員と大学院生・修了生がおこなった展覧会「内灘闘争——風と砂の記憶」展を紹介しながら検討したい。ただし、ここには筆者の解釈が多分に入っていて、必ずしも制作者の意図そのものを代弁しているわけではない。

二〇一七年、内灘闘争をテーマにアート制作できないかを漠然と考えていたときに、「やります」と手を挙げてくれた同僚・学生がいて、その彼ら／彼女らと一緒にArt Today Collectiveを結成した。その目的は、お互い緩やかにつながりながら、それぞれが自分の専門を生かして社会とアートに関わる問題を広く世に問うことだった。そして、一八年にグループ展をやろうと決めて、様々なリサーチ活動を開始した。風と砂の館やアメリカ軍施設跡を回ってみんなで議論したり、内灘闘争を背景にした映画を観たり、さらには闘争当時の関係者にインタビューもおこなった。一人目は、内灘闘争当時にアメリカ軍基地で働いていた方である。彼は金沢市の隣にある津幡町出身だが、内灘に下宿して、そこからアメリカ軍試射場に出勤していた。彼はどういう思いで働いていたのか。当時の状況や地元の住民に後ろ指

表1　作品一覧　※所属は当時

「内灘闘争――風と砂の記憶」展2018

石田香（修了生）：『対話』（鉄線、木製椅子）

内田望美（博士後期課程）：『それゆけ♡恋バナ号――内灘編』（内灘の恋バナ〔4チャンネルビデオ、記録したSDカード、インタビューの文字起こしテキスト〕）

榮永義雄（修了生）：『色彩・形態観測』（キャンバスに油彩）

高橋直宏（博士後期課程）：『先触れ』（木に着彩）

星野太（教員）：『内灘のこと』（ミクストメディア）

山岸耕輔（修士課程）：『観測者／“観測者”の跡』（ミクストメディア）

「内灘闘争――風と砂の記憶」展2021

小林美波（博士後期課程）：『内灘武器“ウギ”』『知る場にあるファミリー』『人生量り売り』

吉川永祐（修士課程）：『エビスを呼ぶ声』（映像）、『漂着したエビス』（砂、モルタル）

武田雄介（教員）：『無題』（スチール）、『無題』（ダンボール、アクリル絵具）

沖田愛有美（博士後期課程）：『最初で最後』（木製パネル、紙、漆、金属粉ほか）

山内郁人（修士課程）：『ライト／ダーク　ツーリズム』

深田拓哉（修士課程）：『そこに在ったモノたちに』（鉄、4tユニック、鉄板みんなでワッショイ隊の皆様）

宮崎竜成（博士後期課程）：『(●)』（サウンドインスタレーション）

「内灘闘争――風と砂の記憶」展2022

上原勇希（修了生）：『超兵器R 56号を撃て』（キャンバスに油彩）

桜井旭（博士後期課程）：『着弾地観測所跡（権現森）からの風景』（板に油彩）、『射撃指揮所跡からの風景（5点組）』（キャンバスに油彩）

岸桃子／金塚良菜／麦谷真緒（いずれも学部4年）：『同じ場所にいる』（砂）

山岸眞弥（修士課程）：『重なる意味の変遷』（鉄、ステンレス）

石田愛莉（修士課程）：『あかのうつろい』（古布、帯、紐、漁網）

をさされなかったのか、そういう話をいろいろ聞く機会を得た。ちなみに、当時の試射場で働いていた人の九割は日本人でアメリカ軍関係者は一割だけだったそうだ。それから、もう一組、こちらは夫婦で、前述の男性とは逆に内灘闘争の先頭に立っていた。女性は当時の内灘村の青年団に所属していて、国会議事堂までいって陳情した。男性は、当時の鉄道会社の労働組合の幹部だった。こうしたリサーチ活動をもとに、それぞれが作品の原案を出し、内灘町役場でプレゼンテーションして、ようやくグループ展開催にこぎつけることができた。グループ展のタイトルは、風と砂の館をもじって、「内灘闘争――風と砂の記憶」展とし、会期を二回に分けて、一回目は一八年十月二十四日から二十九日、着弾地観測所跡、射撃指揮所跡、それから風と砂の館を会場に、二回目は十一月十日から十六日まで、金沢美術工芸大学のギャラリー・アートベース石引でそれぞれ開催した。

作品を見ていこう。一つ目は、修了生の石田香による『対話』という作品である（以下、作品の写真は口絵にまとめてある）。人の形に模した針金を、向かい合ったイスにそれぞれ設置している。着弾地観測所跡の二畳ほどしかない空間に展示した。石田はこの着弾地観測所跡に入った瞬間、周りとの対話というのを一切遮断されるという感覚に陥ったそうだ。それはつまり、当時の内灘村の人たちの反対の声も遮断するし、アメリカ軍施設で働いていた人に対する問いかけも遮断するような閉ざされた空間である。だからこそ、向かい合うことを拒絶した空間であえて向かい合いながら対話することをテーマにした作品によって、何とか自分の問題に引き寄せられないかと考えたのである。石田は針金で人の形を作ってはいるが、非常に抽象的である。だから、男か女かわからない。大人か子どもか年齢もわからない。アメリカ人か日本人かさえわからない。あえて抽象化することによって鑑賞者にいろいろな対話を想起させるような、そのような作品だといえる。

次は、博士後期課程だった内田望美の『それゆけ♡恋バナ号――内灘編』を紹介しよう。車を模した立体物の四面の窓部分にそれぞれ違う動画が流れている作品である。正面にはリサーチ活動のなかでインタビューに応じてもらった夫妻が映っている。内田の場合、自分たちの問題に内灘闘争をどう引き寄せるのかと考えたときに、その回路として彼女が挙げたテーマが恋愛である。夫婦は二人とも内灘闘争に参加していたのだが、正確に言えば、内灘闘争で出会って結婚した。左側の動画に映っているのは、同じくインタビューしたアメリカ軍施設で働いていた方である。内灘村で下宿してアメリカ軍施設で働いていた彼は、その下宿先の女性と知り合って結婚する。やはり内灘闘争・アメリカ軍施設が縁で結婚しているのだ。インタビューでそういう話を聞いたときに、自分たちの土地を奪われるというシビアな状況でも、われわれと同じように恋愛するということに内田は気づいたのだ。あとの二面には、一つは内灘出身の女性に失恋話をしてもらう動画、もう一つは、内灘に旅行にきたことがある関東の女性に話を聞いて、そのとき一緒だった恋人との思い出を語ってもらう動画が流れている。つまり、時代・場所を超えた四つの「内灘と恋」を同時に流すことで、恋愛を回路に内灘闘争を自分たちの問題に引き寄せる、そういう作品である。

3

「内灘闘争――風と砂の記憶」展 2021・2022

このグループ展は、メンバーを変えて二〇二一年六月にも開催した。その展覧会の作品も「内灘闘争をわれわれの問題として引き受ける」という視点からみてみたい。深田拓哉（修士課程）の『そこに在ったモノたちに』は、道路に書いてある標識「止まれ」を鉄で原寸大の立体にした作品である。もともと、でかくて重い作品を「後先考えず」制作するのが深田の特徴だ。この作品も搬入「できるか」がポイントだった。というよりも、設置場所である射撃指揮所跡横に「運ぶ」ことがこの作品にとって重要な行為だったといったほうが正確だろう。この作品のキャプションに深田はこう記している。

僕は、失われたものや、忘れ去られたものを身体的に体感させ、作品を作ろうと思っています。僕の生まれてくる、ずっと前にあったという鉄板道路を今、内灘海岸に再現させ、「ものを運ぶ」という行為をすることで、七十年前の内灘の人々や、景色に思いを馳せることができると信じています。

そう、深田は実際に内灘の海岸に自前の鉄板道路を敷き、このために大型免許を取得し（!）、トラックに載せた自身の作品を運んだのだ、あの日のアメリカ軍のように。そして脱輪し、タイヤは砂浜に埋まり、後輩やたまたま海にきていたサーファーたちを巻き込み、多くの人に迷惑をかける。そこまでが（その一連の行為こそが）作品だったといえるかもしれない。

同じ射撃指揮所跡に展示されたのが、宮崎竜成（博士後期課程）の音響作品『（●）』（写真は口絵と第3章を参照）である。宮崎は展覧会前の二カ月間、定期的に内灘海岸に通い、そこの音を収集し、ごみを拾い、海に入って波を浴びるという行為を続け、それをマルチトラックレコーダーで録音し、会期中、砂浜に置いた二台のステレオスピーカーからその音を流した。宮崎が内灘闘争に向き合ったとき、自分が徹底的に部外者であることを自覚した。そのうえで、内灘に何日も通い、この土地の匂いや成分を自分の身体に侵入させることで、内灘の環境を身体化させ、ある種の当事者性を獲得しようとした。そして、当事者と部外者その異質なもの同士の衝突や関わり合いを、スピーカーを通して上演したのだ。まずは当事者と部外者という矛盾する自己に向き合うところから始めるという、宮崎の真摯な姿勢がよく表れている作品だといえる。

二〇二二年、内灘闘争七十年、沖縄「返還」五十年に合わせて、三回目の「風と砂の記憶」展を開催した。上原勇希（博士後期課程）の作品『超兵器R56号を撃て』は、そんな内灘と沖縄、そして新型コロナウイルス感染症禍をつなげるものだった。沖縄戦や沖縄の基地を題材に油絵を描いてきた上原は、「同調圧力」に着目した。「国の決定に従え」という圧力、それは内灘でも沖縄でも住民に重くのしかかる。そして、コロナワクチンの接種でも、上原自身の言葉を借りれば、「政府や自治体の広報広告には学徒出陣を連想させる「周りのために打て」という文言が氾濫し、マスク着用と相まってファシズム的様相を現代人は許容するようになった[5]」。内灘、沖縄、コロナ禍のわれわれ、それらは同調圧力の歴史として連綿と続いてきたものなのだ。上原はそれを鉄板道路でつなげることで表現してみせた。そして画面のいちばん手前には、沖縄空手のけいこに励む自画像を配した。いわく、コロナ対策には空手で免疫力を高めるのが効果的なのだと。

同じ展覧会で石田愛莉（修士課程）は、古布や着物、漁網などを用いたインスタレーション作品『あかのうつろい』を制作した。形状も長さも質感もバラバラな布を不規則に複雑に絡み合わせることで、単に基地反対・容認の対立だけでなく、さまざまな人々の感情や意見が複雑に絡み合い、揺れていた当時の内灘を表現した。石田はこれを指揮所跡の壁に設置した。自身初めての屋外作品である。そうすることによって展示期間中、内灘の砂、風、海の匂い、日差しなど様々な要素がこの布に染み込み、色移りや色あせが起きた。それはまるで、複雑な絡み合いや揺れが絶えず変化し、さらに複雑化していく内灘の歴史を見せてくれるようである。石田はこう語る。「自身が経験していないことや体験していない出来事に対し、どこまで理解できるだろうか。簡単には理解できずとも、私はこの繰り返される行為により初めて、ここで生きてきた人々の生き方や記憶に少しだけでも触れることができたように思うのだ(6)」

二〇二二年の展示では、初めてコレクティブ（集団）での作品が制作された。それが岸桃子・金塚良菜・麦谷真緒（すべて学部四年生）による『同じ場所にいる』である。彼女たちが着目したのは、闘争当時、内灘の砂浜に座り込みをしていたオカカたちだった。男性の多くが出稼ぎ漁などで不在だった当時、座り込みをおこなっていたのは主に女性たちだった。しかし、女性たちがどういう思いや立場で座していたのか、岸たちはそれを決めつけることをしなかった。座り込んでいた女性たちを一人の人間として見ることから引き離し、彼女たちを英雄視してしまいかねないからだ。そのかわり、三人は内灘の砂浜に座った。あの日のオカカたちと同じように砂浜に座し、そして会話を始めた。話はオカカたちから広がっていき、砂浜の生物や町の様子、当時のジェンダー観にも及んだ。その会話を文字にして、三人が座った跡が残る砂の上に投射したのが『同じ場所にいる』である。

おわりに
――それがアートある理由

最後に、その内灘闘争を自分たちの問題として引き受けていく回路として、それがアートである理由について考えたい。まず挙げられるのは、「リサーチ、制作、展示の場所性」である。筆者はアーティストではないので、何かを調べたら論文やレポートなどの文書にまとめる。読者の多くもそうかもしれない。いまでは論文の多くはネット上にもあって、いつでもどこでも読むことができる。内灘で読もうが東京で読もうが内容は変わらない。しかし、アートというのは、どこに設置するかが重要である。深田の作品をトラックに載せて東名高速を走っても、それはただの運搬にすぎない。九十九里浜にタイヤが埋まっても、それはただ「やらかした」だけか、あるいは別の意味をもつだろう。内灘に設置するということで「内灘」という場所の意味性を喚起できるのではないだろうか。

さらに、フィクション／ノンフィクションというポイントである。内灘闘争の関係者にインタビューするなかで、それは記憶違いだろうという話や、ほかの人の話と食い違うことも少なからずあった。例えば、われわれが論文にするとき、明らかにおかしい話は文献などで調べて、事実と違っていたら訂正したり論文から除外したりするだろう。しかし、記憶違いをしているというのは、それはその人が生きてきた過程の話なのであって、その記憶が正しいか間違っているかの客観的・学術的ジャッジなど、その人にとっては重要なことではないかもしれない。論文にまとめるとなったときにはそれが大事かもしれないが、アートにするときには、フィクションとノンフィクションをはっきり区別する必要はない。彼らの記憶に真摯に向き合ううえで、アートは非常にいい媒体ではないだろうか。これに関連することだが、レポートや論文を書く際、われわれは指導教員などに「ちゃんと事実関係を整理してまとめなさい」などと言われてきた。だけど、それはときとして「乱暴な行為」になることがある。現実とはそんなに整理されていないのである。いろいろな矛盾したことが同時に起こるし、昨日までこれはAだと言っていた人が、次の日になるとこれはBだと言うことなどザラにある。そうした矛盾が入り交じっている状況を、われわれのような文章を書く側は、それを整理（情報を取捨選択）して右から左に物語を紡いでいく。それはある意味で不自然で乱暴なことかもしれないのだ。アートはそれを無理に整理整頓する必要はない。カオスのものをカオスのまま提示することができるというのも大きなメリットだといえる。同じことだが、論文というのは「はじめに」があって「おわりに」がある。つまり、ある地点から始めてある地点で終わらなければいけないわけだ。しかし、現実は始まらないし、終わらない。アートは始める必要もなければ、終わる必要もない。ペンディングしたものをペンディングしたまま提示することも可能だからである。複雑で矛盾した出来事が同時抵抗的に起こった「闘争」を「きれいにまとめる」ことなく表現することで、鑑賞者がどこに着目し、どういう先入観・知識をもって作品を見るかによって、「闘争」の姿が変わってくる。それによって、「内灘闘争」そのものがわかりやすい、一方向的なものでは決してなく、複合的で重層的な社会的出来事であることがリアリティーをもって表現できるのではないだろうか。

このように、内灘闘争を決して遺産化せずにわれわれの問題として引き受けていく回路として、アートにはその可能性があるのではないだろうか。もちろん、「この問題はアートに任せておいて、言葉は引っ込んでいろ」などと言いたいのではない。アートがすべてを解決してくれるなどと主張したいのでもない。われわれは内灘闘争について読み、書き、議論しなければならない。そのとき、言葉がなくてどうする。そもそも、言葉の力を信じているから本書を作っているのだ。内灘闘争を自分たちの問題として引き受けていく回路としてのアートの可能性は、言葉とともにあるからこそ見いだせるはずである。アートと言葉は共闘できるのだ。そもそも、「アートと言葉」というように、両者は分けられるものでさえないのかもしれない。

注

（1）文化庁「文化財」「文化庁」（https://www.bunka.go.jp/seisaku/bunkazai/index.html）［二〇二四年三月五日アクセス］

（2）『内灘町議会会議録 平成22年第3回定例会』内灘町議会、二〇一〇年、三六ページ

（3）木村至聖／森久聡編『社会学で読み解く文化遺産――新しい研究の視点とフィールド』新曜社、二〇二〇年、四―五ページ

（4）内灘町議会事務局編『内灘町議会平成26年第2回定例会議事録』内灘町議会、二〇一四年、六三ページ

（5）稲垣健志／武田雄介編「Exhibition 内灘闘争――風と砂の記憶：2022」金沢美術工芸大学、二〇二三年、四ページ

（6）同カタログ一二ページ

［付記］本章は、稲垣健志「文化の「遺産化・財化」に抗う文化実践――「内灘闘争―風と砂の記憶―」展をめぐって」（稲垣健志編著『ゆさぶるカルチュラル・スタディーズ』所収、北樹出版、二〇二四年）に加筆・修正したものである。

第3章

内灘に耳を傾ける技術

――風と砂だけではない「戦後史」を聞く

小笠原博毅

1 すべての音は原初においてノイズである

もし完璧な無音、完全な静寂という状態があるとしたら、そこで最初に聞こえる音はすべてノイズである。いいも悪いも快も不快も、美醜もない。音がない状態に現れる音はすべての初源であって、価値や意味を与えられる文脈を欠いているのである。

それまでそんな音はしなかったという意味で、どーんという砲弾の発射音、ひゅーという飛翔音、そしてずーんという着弾音もしくは爆発音は、漁村の暮らしにとって明らかな音的（auditory）ノイズだった。迷彩色の軍車両や試射場に反対するデモ隊の姿さえ、視覚的（visual）ノイズだったろう。しかし、内灘浜は完璧な無音でも完全な静寂でもなかった。音は、すでにあった。すでにあった音と突然聞こえるようになった音とは、どんな関係にあるのだろうか。本章はこのノイズという発想を入り口にして、内灘闘争という出来事自体を記憶することとアートという表現形態の関係について考察する。

2 一九五三年三月十八日、北陸放送ラジオ『録音 内灘試射場から』

これは、試射場からの短い現地ルポルタージュである。警告の笛の音や発射音と着弾音、そして風の音をBGMに、アナウンサーの声が聞こえる。マイクをただ向けるだけの当時の録音技術でその後の音響加工もしていないから仕方がないことだが、百五十五ミリ榴弾砲の砲弾の飛翔音や着弾音よりもマイクのそばのアナウンサーの声のほうが圧倒的に近く聞こえる。それでも、警告音に続いてずーんと遠くから絶え間なく規則的に耳に入ってくる決して心地よくはない音の連続が、当時の内灘浜近辺に住む人々にとって聞き続けるに堪えぬ音だったことは想像できる。

逆にいえば、私たちはいまそれを想像することしかできない。ラジオ番組の録音から聞こえてくるのはあくまでも複製された音であり、じかに耳でつかむ周波の塊でもなければ身体で受け取る振動でもないコピーを経験しているにすぎないからだ。しかしたとえ複製ではあれ、地元住民の体験に近づけて身体感覚を研ぎ澄ますことはできるだろう。自分たちではコントロールできない時間によって、強制的に騒音を聞かされるという追体験をすることは不可能ではない。

浜の住民たちは、その音を排除したかった。発射音、飛翔音、着弾音をすべて永遠に消し去りたかった。試射場用に浜を貸与することとやむなしと思ってはいても、そのことと不愉快で不穏な音があってもいいと思うことは別である。日本海から吹き付ける強風やその風に共鳴する激しい波の音で覆い隠すのではなく、音源としての試射施設自体を消し去りたかったのではないだろうか。共同体の分断という代償を払ってもその音を消すという目的に突き動かされた運動の歴史を記憶するために、その運動が消し去りたかった音を聞き、それに耳を傾けなければいけないのが、現在私たちが置かれている状況だ。もしもその音をいわば負の記憶を紡ぐための原材料だとするならば、その取り組みには大きな困難が伴う。

本章は、この困難な作業についての省察である。排除したかった音を残すことでだけ記憶の継承が可能ならば、それは知覚の根本矛盾を生きることと同じだ。だから、困難なのだ。否定的なものとしてだけ残すことに伴う苦痛は、本当はこんな音はあってはいけないんだという確信を繰り返し強めるために耳にしなければいけないという倒錯的な営みを続けることにしかならないのだから。

3 声は歌にあらず、歌は声にあらず

耳をすませば聞こえてくる。
街の声が、街の歌が。[1]

イギリスの小説家ジョン・マグレガーが二〇〇二年に発表した『奇跡も語る者がいなければ』の新潮社クレスト・ブックス・シリーズに収められた真野泰による翻訳の冒頭である。その原文は次のとおりだ。

If you listen, you can hear it.
The city, it sings.[2]

一行目はともかく、二行目の翻訳はおそらく苦労したのだろう。声と歌、聞こえてくるものを二つに

分けて訳しているのだが、原文どおりならば、何を歌うのかの目的語が不在のまま、街がただ歌うという意味にしか受け取りようはないはずである。街は、誰かに歌われるのではなく、つまり歌の題材やテーマとして目的語になるのではなく、街それ自体が発声し、奏でるということなので、真野の訳がことさら大きくレールをハズレているというわけではない。しかし、違うと思うのだ。歌は声、つまり言葉の音声型だが、その声によるものだけとはかぎらないし、声はそのまま歌を構成する絶対的な要素になるともかぎらないからだ。むしろ、何かが声として、誰かが発する言葉として受け取られる前に、すでに歌は存在していたのではないか。歌がはじめにあり、それが声として聞こえるかどうかは、それが歌かどうかとはまったく関係がない認識の問題だろう。

そして、歌う「街」は、マグレガーが描き出しているようなアスファルトと建物が密集し、交通の往来が激しく、人々の生活音が交じり合って無音状態を消し去ることが常である場所ともかぎらない。どれだけ家々の間に隙間があり使われていない空間が広がっていようと、集住生活があり、営みがあり、人の息吹があるところには歌がある。「そして歌が止む」「奇跡の静寂」「何もかもがとまっている」とマグレガーが書くような瞬間は、絶え間なく波が寄せ海鳴りが響き、風が鳴りやまない内灘にはなかったし、いまもない。

それは自然ではなく人為が息を潜める瞬間のことではないかといぶかしげに首を傾げる向きもあるだろうが、それは違う。マグレガーは群れる鳥たちのさえずりや鳥たちが街路樹にまとうときの葉擦れの音や木々のざわめきも街の歌に含んでいるので、歌に人為と自然の区別はないはずだからだ。それは、あくまでも人間があとから付け加える区別である。

だから、内灘も歌うのだといえる。その歌が声の集積体であるともかぎらないし、声にならない声、はっきりとは発声されていないのではないかと感じられる音の連なりの場合もあるだろうが、内灘は歌うし、歌っていた。あのときもまたそうだった。マグレガーが北部イングランドの街に耳を傾けてその歌を聞いたように、当時の内灘の「歌」に耳を傾ける、そんな技術（art）を作り出すことは可能だろうか。

4

音を分ける政治
――宮崎竜成『（●）』に寄せて

宮崎竜成の音響インスタレーション『（●）』（二〇二一年）は、そんな技術を実現する一歩手前の試みとして鑑賞することができる作品だ。それは、聞く者の恣意性と抗いがたい客観的現象との間で、音たちが宙ぶらりんになっている状況を作り出していた。

内灘の広大な砂浜にはスピーカーが数台置かれている。海に向けられているものと海を背にして内陸を向いているものと。音はあらかじめ録音されている。その音は、同じ浜で録音された風と波と砂と、そして背後を通る高速道路を走る車のエンジン音や風切り音たちだ。

砂浜に立ってみる。いま、ここで生身の自分が聞き肌で感じている音群と、その音群と同じリソースから録音した再生音が交差し、どこまでが複製された音でどこまでが自然の音なのかがわからなくなる。その状態にあることこそが、宮崎の音響インスタレーション作品が作り上げる舞台に上がった証拠なの

写真1　宮崎竜成『(●)』(2021年)

だろう。そしてスピーカーから聞こえるはずの音と自然の波・風・砂が作り出す音の違いは、そのうちどうでもよくなってしまうのだ。

それは耳に心地よくも悪くもなく、ただ音の群れとして、「音の絶対値」とでもいえるものが耳に入ってきている状態でもあるだろう。ただの音。ノイズでさえなく、ただ聞こえている音。善悪を超越し、透明で、意味は空虚に満たされ何者をも指示せず、ただ聴覚に響く信号としてある。この絶対値的感覚は、ではははじめからそうなのかといえば、おそらくそうではない。価値や倫理が持ち込まれ、良さや悪さや、正義や邪悪や、そのようなプラスとマイナスにはっきりと区分されずに、「モノ」として音群が存在しているという認識に至るためには、ある程度の時間が必要なのだ。

このインスタレーションの作者である宮崎自身の言葉によって、その時間の必要性が表されている。宮崎は、二〇二一年に開催された「内灘闘争――風と砂の記憶」展に向けて作品制作をおこなう途中、車で内灘の浜を訪れ、着弾地観測所跡を訪ねようと車を降りる。そこで彼を待っていたのは、「雀や、あと知らない鳥の鳴き声がポリフォニックに重なりあって、うるさかったり心地よかったりが繰り返される」[3]環境だった。初めからどちらかに決められた感覚が継続するのではなく、うるささと心地よさとの反復がまず彼を襲う。

プラスかマイナスか。超越的で透明な音でも、完全にどちらかに針が振りきれた音でもなく、どちらでもあってどちらでもない、どちらにもなりきりえてどちらにもなりきりえない、そんな時間が過ぎる。十分ほどのさまよいを経ると、宮崎は「もう鳥の鳴き声がノイズにしか聞こえないほど身体がうんざり」[4]している自分に気がつくのだった。

うるささと心地よさの反復からノイズへ。その反復はいつの間にか生み出されるかもしれない「慣れ」へではなく、否定的な意味を与えられるノイズへと変化した。人間が自分の力ではどうやっても制御できない外在的な音と関係を結ぶとき、当初の混乱（これは何の音だ?）や混沌（いろいろ交ざっていてよくわからないが確かに音はするぞ）を経由して、一方ではいつの間にかやり過ごすことを覚えてその音に「慣れ」ることもあるだろうし、他方ではノイズという否定性を排除したいという欲望に駆られることもあるだろう。

マグレガーが「街は歌う」といって示唆しているのは、一方で「慣れ」てしまって日常に埋没し、気にもとめなくなった音を再発見できるのではないかということでもあり、他方で否定的に知覚される音もまた「歌」として認知しなおせるのではないかということでもある。内灘もマグレガーがいう街のように歌うのだとすれば、宮崎が「うんざり」させられた鳥の声もまた、歌を構成するはずだ。歌が常に心地いいとはかぎらない。『ドラえもん』のジャイアンのリサイタルを思い出せばいい。宮崎の作品には試射音や着弾音は録音されてはいないので、もちろん厳密には「あのとき」の内灘の音と比べると確かに何かが欠けている。さらに付け加えるならば、砲弾の音さえも「歌」に含めてしまっていいのかという、厳密・厳格な追求も免れないだろう。

5 事実が音に力を与える

宮崎にとっての鳥の声は、七十年前の試射場に響いていた発射音、飛翔音、着弾音と何が違うのかという問いを立ててみる。十分のさまよいを経て自然の音のはずの鳥の鳴き声は、まごうことなきノイズになったのだが、それは七十年前の浜の住民にとって試射場に響くさまざまな音群がそうだったのと同じ意味で、同じ度合いで、ノイズだったのだろうか。

一九五三年三月十八日に強引に開始された砲弾の試射の音群を初めから騒音でノイズだと知覚できるのは、それがアメリカ軍による砲弾の試射だと知っていた人に限られるのではないだろうか。何も知らず知らされず（もしそのようなことが可能だったならばだが）、突然形容しがたい「ずーん」「どーん」という音が聞こえてきたならば、驚きと戸惑いに続いてまずある程度の時間を必要としながら、それが何の音なのかを聞き分けようとするだろう。鳥の声のように快／不快ではないかもしれない。しかし一定時間は、プラスとマイナスとに区分けできないまま響き渡る音の絶対値がはびこる環境が作られるだろう。戸惑いや恐れとも異なる、「何だこの音？」という判断が中断される時間が訪れるのだ。

「地鳴りのような重低音」。山梨県富士吉田市と山中湖村の富士北麓に広がる自衛隊とアメリカ海兵隊の北富士演習場から聞こえてくる音は、たびたびこのように形容されてきた。筆者が幼少期を過ごした山梨県大月市は演習場から北東に二十キロの距離だが、確実に音はした。そして自衛隊と役所からは演習時間の通達があったりなかったりで、学校の授業中でも登下校中でも、自宅の部屋からでもその音は聞こえた。この二十キロという距離は決定的だった。愉快ではないが、特段不快でもない。人工的で、ときに規則的な重低音は、定期的に聞こえてくるものとして、いわば「慣れ」ていくものだった。

北富士演習場という場所がどういう場所か、小学校高学年になればわかる。国家の名において集団的に殺人のトレーニングをする場所である。だから、あの重低音はよくない、あってはならない、不愉快で、それを決して心地いいなどと口にしてはいけないという機制がはたらく対象になっていった。いつも聞こえてくる音がある一定期間聞こえてこないと、安心し、それが自然な状態だと思うようになった。ところが、あまりにも聞こえてこないと、逆にあの重低音はどこにいってしまったのだろうと、いぶかしい感覚を抱くようになったことを、はっきりと覚えている。そこにあるのは、あの音が響く「べき」か「べきでない」かの区別ではまったくなく、ただ「する」か「しない」かの、音信号の認知といってもいい判断の問題だった。いつも聞こえていた音が、たとえそれが殺人トレーニングの音だとしても、「する」のと「しない」のとでは、確実に官能判断の基準が異なってくる。

演習場の存在は事実である。その事実が消えないかぎり、重低音が聞こえてこないことは「いいこと」にちがいはないのだが、その音が「しない」環境に対してもまた、逆のベクトルで「慣れ」るための時間が必要なのだ。

真冬の日本海から吹き付ける風と波。すさまじい海鳴り。冬が終わればそれも遠のく。遠のいてしまうとホッとすると同時に、あの海鳴りがないという状態に慣れるまでにまた少しの時間がかかる。それは、季節のなかで繰り返される自然の営みなのだから仕方ないというのが共通の見識だろう。試射場の音はすべて人工物だから、まったく別の話だと。

6 「耳を傾ける技術」

もう一度内灘の浜に帰ってみる。現在の内灘浜には、一つ決定的に人工的な音が途切れずに響いている。浜の背後を走る自動車専用道路・のと里山海道を走る車のエンジン音である。浜に入り込んでしばらくは、この高速道路の車の音がすごく気になったことを覚えている。宮崎が設置したスピーカーを視野に入れながらも、耳は風と波と砂の音ではなく、高速道路のほうを向いていた。注意の問題だ、という見解もあるだろう。集中してスピーカーに向き合うのか、ただ漫然と耳に入ってくる音群を受け入れるのか、それとも高速道路に集中するのか。人間の聴覚もまた、取捨選択する。より正確にいえば、聴覚の信号を受け取った中枢神経系が選択する。

客観的に鳴ってはいても耳に入ってはいないと脳が命じる音が、確かにある。浜を歩いてしばらくすると、ふと気づく。高速道路の交通量が少ないときもあることに。ということは、高速道路からの無音状態が気になっているということだ。「なぜ、聞こえてきていた音が聞こえてこないのだろう」。「慣れ」から脱却した瞬間である。

同じ人工物が醸し出す音でも、それは種類が異なるノイズだとすかさず突っ込まれるだろう。内灘浜のアメリカ軍試射場は生活圏のすぐ近くだという「事実」が、音にさらに特別な力を与えていたからだ。朝鮮戦争で使用するための砲弾の実験場がすぐ近くにあるという事実が、圧倒的な自然、波と風と砂、そして時折聞こえただろう鳥の声とはまったく異なる意味を、発射音、飛翔音、着弾音に与えていた。おそらく当時の鳥の声は試射場に響く人工物の音によってかき消されてしまっただろうし、鳥たち自体が居場所を追われてしまって、人間がその声を聞くどころではなかったかもしれない。砲弾が生み出す音に比べたら、現在走る高速道路の車の音など、比べものにはならない。加えて、試射場に出入りする重機やトラックが住宅の近くを通るたびに騒音に苦しめられた住民も多かった。

そのような証言、ニュース記事、報道の記録を目にすることはできる。試射音は確かに騒音だった。ところが、「苦しめられた」などの記載はあっても、どんな音がどのように苦しかったのか具体的な記述／証言があまりにも少ない。とてもうるさいはずなのに、音の具象が不在なのだ。第2節で紹介した北陸放送のラジオ番組のなかでも、それは轟音や騒音ではなく、不気味な重低音に近く聞こえる。

そもそも音とは、事物から発生するものではない。事物の空気抵抗が生み出す一定の周波のことを、私たちは音と呼んでいる。すべては空気と事物との摩擦の産物なのだ。エンジン音でさえ金属と金属の部品同士の摩擦だったり、金属と排気の摩擦だったりするわけで、モノそれ自体から音が発せられるという発想にはどこか困難が伴わないだろうか。砲弾も車も、それ自体ではノイズを生み出せない。空気という媒介を得てはじめて、それらはノイズの発生源になりうる。砲弾の音、発射音、飛翔音、炸裂音は確かに人工的なものに聞こえる。しかし、そこには空気という摩擦を生み出す相方が必要不可欠である。もし空気が人為に対する自然であるならば、砲弾でさえ百パーセント人工的な音だとはいえなくなる。「ひゅー」という飛翔音は、砲弾という人工物と風／空気との抵抗で発せられるのだから。

それもまた歌になりうると考えることはできないだろうか。人為と自然のまったき区別など、人間が勝手にそう解釈しているにすぎない。先にふれた「音の絶対値」という考え方にのっとれば、むしろ飛翔音を異物として排除して、それは本来あってはならないものだという意味づけから出発して内灘を考えることが可能なのは、その音がアメリカ軍の砲弾試射場が生活圏のすぐ近くにあるという事実が唯一絶対条件としてなのだ。つまり、音そのものは関係ないのではないかという仮説が立てられるのである。静寂と沈黙しかなかったとしても、そこにアメリカ軍の基地なり施設なり集合的な殺人トレーニングをおこなう場所があって、住民の生活をじゃましているかぎり反対運動は可能なのだろう。とすれば、まず考慮されるべきは住民の生活圏を破壊し戦争のための実験を繰り返す場所が存在するということの倫理的問題であり、音は二次的な条件でしかないのだろうか。

そうではないと、イギリスの社会学者レス・バックは『耳を傾ける技術』(5)のなかでいっている。「倫理とは一つの光学である」という哲学者エマニュエル・レヴィナスの言葉に耳を傾けながら、バックはそれに異議を唱える。「倫理とは見られるものだけに関わる」のではなく、「聞く」ことによって聞かれる者たちにも関わるのだと。(6)近代の人間的感覚の優先順位では、視覚と「見る」ことは長くトップの地位を保ってきた。聴覚を取り出したとしても、「聞く」ことよりも「話す」ことに注目しすぎてきたと、バックは指摘する。

話された言葉、歌われた歌が、聞かれるとはかぎらない。内灘浜が歌っていたとしても、その歌が聞かれるとはかぎらない。「聞く」ことには技術が必要だからだ。そして、たとえ聞かれたからといって、聞こえたものを歌としてすべて無批判に受け入れろというわけでもない。ここが重要なところだ。歌の多種多様性（バックの言葉では「物語の多種多様性」[7]）を聞き分け、それらを批判的に考察しなければならないのだ。この付帯条件をしっかり根づかせなければ、砲弾の発射音、飛翔音、着弾音もまた、歌の同質的な構成要素として聞かれうるもの、聞くに堪えるもの、高速道路の車の音のようにそのうち「慣れ」るものになり、そこで思考が停止してしまうからである。

むしろ、こう考えられるのではないだろうか。試射場から生まれる種々の「音」でさえ、人は「慣れ」てしまうかもしれない。「慣れ」ないために、その「慣れ」に陥らないために強調されたのが騒音化されノイズとして記憶されてきた音なのではないかと。このとき、聞かれる音が何をどこに導くのかという意味で、倫理が深く関わっている。

殺人トレーニングの場であるアメリカ軍の施設という事実、そしてそのために生活圏を奪われたという事実、そして砲弾の製造を請け負っていた工場には小松製作所（現・コマツ）などがあったことを加味すれば、日本の戦後資本主義の立て直しの一角を担う産業再生の場としての事実が加わり、それだけで圧倒的な否定性の塊を形作り、その塊に逆らおうとした内灘闘争は戦後の基地反対運動の先駆けとして歴史化されがちである。しかしこのような、反戦、反基地、そして戦後民主主義というういわば大時代的な倫理的指標で内灘を語りきることはできない。

7 音と生活

内灘闘争に参加した杉村雄二郎によれば、「砲弾が朝鮮で使われると聞いていたが、それを阻むための闘争ではなかった。浜を奪われ、漁ができん。試射の音がひどくて学校で勉強もできん。生活に直結した運動だった」(8)(傍点は引用者)という。アメリカ軍施設があるということに加えて、生活圏を奪われるというもう一つ別の事実の端的な説明だ。

では、それ以前の内灘では当時どんな音がしていたのだろうか。浜では地引き網を引く人々の声が響き渡り、少し沖では小さな漁船のエンジン音やエンジンが付いていない小型の船ならば櫓を漕ぐ音がしていただろうし、魚を仕分けして入れる木桶を引きずったりそれらがぶつかり合ったりする音やそれらを運ぶトラックのエンジン音がしていたはずだ。食事の煮炊きの音もしただろう。日常生活は音にあふれている。

そこに試射場ができ、試射が始まった。平日午前八時から午後五時まで続く発射実験による生活の侵害は漁だけにとどまらなかった。子どもたちの学校の授業は滞り、遊び場だった浜は立ち入れなくなり、泳げなくなった。浜に響いていた子どもたちの笑い声や泣き声、ふざけ合う声、けんかする声が消えた。飼っていた鶏は音におびえて卵を産まなくなった。卵を産まない鶏はつぶされるしかない。鶏の鳴き声という音が、消えた。

他方で、杉村は積極的にある音を消す行動に出た。当時勤めていた北陸鉄道の労働組合は、朝鮮戦争に用いられる砲弾の運搬を拒否するために金沢から内灘につながる浅野川線での貨物輸送を止めるストライキを敢行したのだ。旅客でも貨物でも、列車が鉄路を走れば必ず音がする。杉村らがおこなった輸送拒否ストライキは、その列車の音を消す行為だった。列車が通らなければ、線路の継ぎ目に車輪が当たるゴトンゴトンという音も、車輪と線路が相互に軋む音も、蒸気機関車の汽笛も消える。

鉄道沿線の住民からすれば、それは日常の音であり、たとえ線路沿いに住んでいる住民であっても、線路に直接面していないかぎり音や振動にもそのうち「慣れ」るものだったはずだ。しかし、問題は何を運ぶかだった。ストによって北陸鉄道経営陣とは対立が深まるし、たとえいまとは比べものにならないくらい組合の存在と力が強かったとはいえ、その後の労働条件や雇用条件に何らかの影響が出ることは覚悟のうえだったろう。つまり、生活に直結する雇用と給料を賭け金にして杉村さんはストに参加したのだが、記事のなかで「今は」という条件付きがあるように、朝鮮戦争と内灘が「つながっていた」という認識はあくまで回顧的に振り返って出てきた言葉だった。「タマ（砲弾）は戦争に使われる」[9]という認識に至るまでには少し時間がかかったのだ。

日常生活という同質的で抽象的な音を想像することはなかなか難しいだろう。「それは何？」と聞かれてはじめて、人の、道具の、モノの音として知覚し、覚え、記憶したものが呼び覚まされるのだろう。単一で同質的な日常生活の音などはない。翻って、砲弾試射場の音はどうか。「勉強もできん」ほどの「試射の音」とは、具体的には発射音なのか、飛翔音なのか、着弾音なのか。それともスピーカーから聞こえてくる試射に携わる兵士たちの司令、命令、号令なのだろうか。重機やトラックが動く音なのか、そうした車両の周囲で動き回る兵士たちの怒号や罵声、靴音なのか。それらの聞き分けを、試射場の騒音やノイズというあまりにも一般的な表現が妨げてしまうのだ。

宮崎のインスタレーション作品での録音された音と自然の音との不器用な混在は、私たちの官能力がいかにいいかげんなものか、しかし同時に確かに違いを聞き分けて、そこに類似と差異を聞き分けながら両者の境界線を引いたり消したりする時間の流れを、「聞く」私たちに再確認させる装置になっているのかを教えてくれる。私たちは注意深く「聞く」ときもあるし、その注意を散開させるときもある。こうした二つの異なる「聞く」行為を反復しているのである。

そしてその反復は、おそらく常に時間的前後関係を作るのではなく、ときに同時に起きているのではないだろうか。並行して起きているといってもいいし、立体的に起きているといってもいい。音には層があり、それは周波数（ヘルツ）やデシベルという概念自体にも含意されていることだが、同時並行的に響く複数の音のなかから、条件と環境と、中枢神経の取捨選択によって耳に聞こえる音と聞こえない音、聞こえていても意識する音と意識しない音があるのである。何か特別な音が聞こえるとき、その音が聞こえている、と聞いている自分を知っている自分だ。この自分の二重性を、例えば人類学者のマイケル・タウシグならば二重性を生み出すメカニズム（過程）を重視して「ナーヴァス・システム」[10]の観点から考えようとするだろう。音を知覚している自分と、知覚している自分を知覚（意識）している自分がいることに気づくだろう。

要は、私たちの知覚能力が外的刺激をつかまえにいくのか、それとも外的刺激によって特定の知覚能力が活性化されるのか、いずれにせよつかまえにいく自分も知覚が活性化されている自分も見えている、もう一人の自分がいるということだ。近代的主体は常に自己の内部に鏡を抱えているので、この説明自体は珍しくもなんともないだろう。ただ、活性化されるべき知覚器官——この場合は聴覚——への刺激があまりにも力をもちすぎている場合、過剰な刺激になってしまっている場合、自己は己を見つめるもう一人の己を保てなくなってしまう。例えば、閃光や轟音、または我慢可能な時間を超える持続的な視覚刺激や聴覚刺激だ。心のもちようでは制御できないほどもう我慢できなくなったとき、「ナーヴァス・システム」は二重の状態だった主体を折りたたんで、一重にしてしまうのだ。

「試射の音がひどく」我慢できなかったということは人々を反対運動へと駆り立てた理由ではなく、物理的に生活圏を奪われたという事実のきわめて具体的な言語化であり表明である。そしてなぜ自分たちの生活圏が奪われなくてはならなかったのか、その背後に戦争があるとわかったとき、あくまで事件でありシミュレーションなはずの試射が、朝鮮半島の戦場に二重写しになったのだ。朝鮮半島と内灘が「つながった」[11]と杉村が言うとき、それはそういうことなのである。

杉村は運搬される砲弾を見てそう考えたのだろうが、私たちは感覚横断を日常的におこなっているのだから、試射された砲弾の音から「つながった」戦場と試射場を風景化することだってできただろう。彼方から聞こえる重低音は、広大な富士の裾野にたなびく白煙を視覚的に想像させ風景を構成するのに十分だったし、臨場感あふれる戦場画から爆音や怒号罵声を聞き取ることは難しくはない。その知覚器官から排除されている感覚の対象を呼び込むことによって、「聞く」技能も「見る」技能も、外に開かれていく。アートが知覚の扉を開くとすれば、どの知覚がどの知覚のどの扉を開けてくれるのか、そこまで接近して理解しなければならないのではないか。

8 戦争の「音の風景」

基地が集中する沖縄だけではなく、日本全国にあるアメリカ軍基地や自衛隊駐屯地は戦場と「つながっている」。この「つながっている」は、しかし、内灘が戦闘のおこなわれている戦場だということとは異なる。あくまで戦場は彼方の地であり、試射砲弾が飛び交う内灘で起きていたことは、いわば戦場のシミュレーションとして理解されうるからだ。しかしこのシミュレーションの思考はきわめて危険だ。砲弾実験がシミュレーションであるかぎり、戦後日本は憲法第九条によって国の交戦権を認めてこなかったのだから、一度も直接の戦争に巻き込まれたことはないという戦後民主主義の言説に丸め込まれてしまうからだ。戦争に巻き込まれたことがないのではなく、日本の国土での戦闘に巻き込まれたことはないというべきなのだ。

これだって怪しいものだが、戦闘はあくまで、兵站や銃後と並んで戦争を構成する部分にすぎないのだということを確認しておくべきだろう。だから、試射場が使われる時点で、戦争はすでに始まっていたのだ。内灘浜も日本も、すでに戦争状態にあったのである。戦後民主主義を根本から否定するつもりはない。しかしその言説が、日本は戦争に従事してこなかったということの、端的にいって嘘の論拠にされるならば、それは厳しい批判にさらされるべきだというだけのことである。

この戦闘と戦争の一致について、三十年以上前に編まれた一冊の書物がその誤謬を次のようにはっきりと指摘していた。

そもそも、戦争が戦闘と一致するなどというのは、近代以降に成立した一つの臆断にすぎない。戦闘をちらほらとしか伴わない長期にわたる戦争が、それ以前ではほとんど常態であった。また、国家によって宣戦布告がなされないかぎり戦争ではないと言うのは、法が平等をうたうかぎり万人は実際に平等であると言うに等しいだろう。戦闘を伴わず、宣戦布告見ない戦争を思考しうる可能性は、歴史においてそれほど小さくはないのだ。[12]

市田良彦らの共著『戦争』からの引用である。第三次世界大戦など「とうの昔に始まって[13]」いると書きだされるこの本を真に受けるならば、内灘に試射場建設が計画された一九五二年も実際に試射が始まった五三年も、すでに世界大戦のさなかだったことになる。そしてこのように「真に受ける」ことは、あながち的外れではない。常態化された戦争では、戦火は戦場の外でも発生するからである。基地での戦闘機の墜落や演習での誤射や誤爆による物理的恐怖。朝鮮戦争時の横田基地で数回にわたって起きた墜落や部品の落下事件、厚木基地から飛び立った戦闘機が起こしたいくつもの墜落事故[14]、沖縄の各基地周辺で起きた数々の記録もされていないだろう出来事も含めれば無数の「事故」、最近ではティルトローター機オスプレイが原因になったいくつもの出来事を思い起こせば十分だろう。社会は、臨戦態勢だったのだ。

内灘でも、誤射、誤爆、不発弾（バクダン）の暴発など、爆音と轟音を誘発しながら人間を傷つけ、場合によっては殺しえた出来事が起きた可能性もある。誤射、誤爆、不発弾の暴発は、戦闘がおこなわれている戦場でも起きることだ。もし、国民が国の主人公である民主国家として再出発した日本の象徴的な出来事として内灘闘争自体が記憶されていくべきならばなおさら、試射場反対運動は戦争反対の運動だったということを歴史的に検証し、承認すべきではないだろうか。戦争状態にない場所での反戦運動ではなく、すでに戦争状態にあり、戦争状態の内部から巻き起こった反戦運動として、である。

9　録音された音であっても音の風景を台無しにはしない

消したい音を残すという矛盾について考えてきた。この「残す」がくせ者なのだということだけは、わかった。第2節で紹介した北陸放送ラジオの番組で登場するずーん、どーんという砲弾の音は、当然ながら「ライブ」ではない。当時の番組用に録音されたものをさらにアーカイブとして録音したもの、つまり二重に録音されたものである。当然なのだが、録音されて再生可能になったもの、何度も、同じ質のものを、ついぞ変わらず複製できるという技術は、歌のアウラ（いまここでしか味わえない一回性）をことほぐ人たちには評判が悪い。もちろん砲弾の音はそれそのままでは歌ではないが、私たちはすでにジョン・マグレガーを導き手にして、風景のなかにあり風景とともにある、いわば「音の風景」をたどってきたのだから、砲弾の音だけを排除するわけにはいかない。

録音され機械的に何度も再生可能な音群の一つが例えばレコードであり、またそのレコードを繰り返し聴衆に聞かせることができるのがラジオだ。ドイツの哲学者テオドール・アドルノはこと再生可能な音源に対して手厳しいことで有名だが、その理由は複製技術によって音源の再生力に依存するようになった結果、耳を傾ける能力が退化したからだという。[15]

規格化され、固定化された音の聞き方に対するアドルノ的な嫌悪は、ピアノの前に座って鍵盤に触らないまま一曲を終えたことにする「4分33秒」で有名な現代音楽の作曲家ジョン・ケージにも受け継がれている。哲学者ダニエル・シャルルとの対話でケージは、レコードは絵はがきと同じように「風景をだいなし」[16]にすると語った。殺人トレーニングの風景など台無しになってしまえ、というのも一理あるのだが、それはまた別の話。ケージがいうには、無限の視点と解釈を可能にするはずの現実の風景を、絵はがきは特定の視点で切り取り時間を止める。その意味では写真と一緒である。録音記録の大量複製であるレコードも、それによってサウンド・スケープ（音の風景）の可能性を閉ざし、録音＝記録されたもの以外との交差性やそもそもの音の外部性を否定するから、レコードなんかやめよう、というわけだ。

当のケージが何万枚ものレコードを売って、それも作曲したものだけではなく環境録音した音群をもレコードにして売って財をなしたことはともかく、このアドルノ―ケージ・ラインに依拠すれば、録音されたものをさらに録音された状態で聞いたところで、「ライブ」の内灘で発生していた歌を、その実態を、本当の衝撃を、閃光と轟音を、人々が我慢した／できなくなった持続的な不快感をもたらす音と振動を、理解することはできない。録音された音を真に受けず想像すればいいのか。彼らにいわせれば、その聴衆の想像力自体が規格化された枠組みでできあがっている「似非能動性」[17]だから、それもだめである。

そうなると、私たちが内灘闘争を音の集積として理解しようとしてもそれは複製されたものを参照せざるをえないのだから、無理ということになる。本当だろうか。それでいいのだろうか。「ライブ」じゃないから理解した「ふり」をして、その「ふり」を伝えていくしかないのだろうか。

おそらくアドルノもケージも、どうやら「聞く」こと、「耳を傾ける」ことの技術を聴覚に限定し、過小評価しているようだ。内灘の丘の上に、内灘町歴史民俗資料館・風と砂の館が立っている。内灘闘争にまつわる数多くのその展示物のなかに、当時小学校五年生だった児童の作文がある。その児童の家は試射場と周囲を隔てる鉄条網から二百メートルのところに畑をもっていたが、着弾点がその畑のすぐ近くなので「一発ごとにびっくりします」と書いている。

轟音は恐れを与え、一定律動の不協和音を持続的に聞かざるをえない状況はおののきを与えるだろう。車のヘッドライトに照らされて全身が静かに痙攣し動けなくなる鹿のように、ただなすすべもなくそこにいるしかない状態に陥り、己の無力さと絶対的な対象との埋めがたい距離を感じるかもしれない。何かに近い。「崇高」と呼ばれるものに。ただ、戦争での「崇高」は、戦場での戦闘の光景が轟音という聴覚的な信号をも含む音の風景と交じり合って表象されるだろう。内灘は戦争の一部だったのだし、なかにはめまいによって立ち尽くした住民もいるだろう。しかし、この小学校五年生は違う。「一発ごとにびっくり」すると書いている。何に「びっくり」したのか。音にである。そして、「ごとに」とあるように、「一発」と「一発」の間では、「びっくり」していないのだ。その合間に予測や予感によって恐怖を感じていたことは容易に想像できても、「びっくり」することは永続的な状態ではなく一度きりの感覚の反復なのだということが読み取れる。それぞれの「びっくり」の合間には、ただ縮こまって怖がっていただろう時間と、理性的に状況を判断し、身構え、準備していた時間もあったはずだ。そうでなければ、その体験をきちんと後日文字にすることなどできなかっただろう。そしてその反復は、「一発」の音を対象化しながらかくも冷静に書き留められているではないか。だから、この小学生の日記を手元に置きながら、北陸放送ラジオの録音記録から流れる砲弾の音を聞いてみるのだ。視覚と聴覚を同時に使い、日記のコピー（複製だ）を読みながら録音された音（当然複製だ）を聞くのである。「すべての感覚を使って考える」[18]のである。当然、日々の生活のなかで私たちがおこなっていることだ。

この小学生が「一発ごとに」びっくりしたその音は、醜い歌が定期的な中断を挟んで繰り返されたものだ。ノイズや騒音として初めから排除されるべきものではなく、あくまでも環境が作る醜くおぞましい「歌」なのだ。もはやそれは録音でしか追体験できない。いや、その衝撃はわからないのだから、追体験した気になる程度が関の山なのだが、内灘闘争の歴史は語り継がれなければならない。そして「語る」という動詞が端的に示すように、それは内灘の光景と音の風景が作り出した音を因子にした声と歌によって引き継がれる記憶でなければならない。内灘闘争が稀有で特別な出来事であればこそ、それを語るものがいなくなればそれを稀有とも特別とも呼べなくなってしまうからである。

注

（1）ジョン・マグレガー『奇跡も語る者がいなければ』真野泰訳（新潮社クレスト・ブックス）、新潮社、

二〇〇四年、五ページ
（2）Jon McGregor, *If Nobody Speaks of Remarkable Things*, Bloomsbury, 2002, p. 1.
（3）稲垣健志／武田雄介編「Exhibition 内灘闘争――風と砂の記憶：２０２１」金沢美術工芸大学、二〇二二年、一六ページ
（4）同カタログ一七ページ
（5）レス・バック『耳を傾ける技術』有元健訳、せりか書房、二〇一四年
（6）同書二九ページ
（7）同書二八ページ
（8）「【石川】戦火なき世界 砂丘で願う 砲弾試射に反対 内灘闘争 参加の夫婦」「中日新聞」二〇二〇年六月二十五日付（https://www.chunichi.co.jp/article/78175）［二〇二四年七月三日アクセス］
（9）同記事
（10）Michael Taussig, *The Nervous System*, Routledge, 2001.
（11）前掲「【石川】戦火なき世界 砂丘で願う 砲弾試射に反対 内灘闘争 参加の夫婦」
（12）市田良彦／丹生谷貴志／上野俊哉／田崎英明／藤井雅実『戦争――思想・歴史・想像力』（ワードマップ）、新曜社、一九八九年、五―六ページ
（13）同書三ページ
（14）筆者にとって最初の記憶は、一九七七年九月二十七日に横浜市緑区（現・青葉区）の住宅地に墜落したアメリカ軍偵察機によって引き起こされた火災で母子三人が巻き込まれた事件であり、当時のニュース映像がはっきり頭に残っている。
（15）テオドール・アドルノ『不協和音――管理社会における音楽』三光長治／高辻知義訳（平凡社ライブ

ラリー)、平凡社、一九九八年

(16) デイヴィッド・グラブス『レコードは風景をだいなしにする――ジョン・ケージと録音物たち』若尾裕/柳沢英輔訳、フィルムアート社、二〇一五年、一〇五ページ

(17) 前掲『不協和音』四八ページ

(18) 前掲『耳を傾ける技術』二九ページ

[謝辞] 当時のラジオニュースの音源を提供してくださったMRO北陸放送の沼田憲和氏に、記して感謝を申し上げます。

第4章

砲撃音のルポルタージュ

——現在の会、伊達得夫、内灘闘争

星野 太

はじめに

ここに、現在の会という同人によって編まれた一冊のパンフレットがある。『内灘』と題されたこの六十ページほどの小冊子は、俳人の真鍋呉夫《まなべくれお》が取材・執筆し、朝日書房という版元から出版されたものの復刻版である。[1] 奥付を見ると、このもとになったパンフレットの発行日は「一九五三年八月十五日」とある。

現在の会とは、安部公房や島尾敏雄、針生一郎ら、最大で六十人を超えるメンバーによって構成された同人である（発起人は真鍋呉夫や安部公房、戸石泰一、小山俊一ら）。この同人による代表的な著作物としては、一九五二年から五五年にかけて計十四冊が刊行された「現在」のほか、「ルポルタージュ　日本の証言」という全九冊（柏林書房、本巻八＋別巻一）のパンフレットが確認できる。後者の内容は文字どおり日本各地の社会問題を取材したルポルタージュであり、「原子力」「夜学生」「刑務所」「村の選挙」といったテーマに沿って、安東次男や関根弘といった同人が、それぞれ個人の文責により各一冊をまるごと執筆している。

表向きは現在の会編と銘打たれながら、実際にはやはり真鍋呉夫が一人で執筆した『内灘』は、「ルポルタージュ　日本の証言」の「付録」として、二〇一四年に後者とあわせて復刻された。しかしながら、この『内灘』をもって始まった「私たちの報告」がその後すぐさま途絶し、「日本の証言」という別シリーズへと道を譲ったのはなぜなのか。理由はほかならぬ『内灘』にこそあるのだが、その事実は、当の現在の会の刊行物だけを眺めてもいっこうに明らかにはならない。本章では、真鍋呉夫によって執筆され、現在の会という同人によって発行された『内灘』という小冊子の周辺から、内灘闘争をめぐる一つの象徴的な場面を切り出してみたい。

1 ルポルタージュ

近年、一九五〇年代の芸術と政治の関係を再考せんとする試みが、各方面から陸続と現れている。さしあたり美術の分野に限定すれば、二〇一二年に東京国立近代美術館でおこなわれた「実験場1950s」と、それにあわせて刊行された同名の研究書を、その一つの主要な成果として挙げることができる。同書の序文において鈴木勝雄は、その企画意図を次のように要約している。

なぜ一九五〇年代に注目するのか。ひとつの理由は、現代に生きる私たちを今なお様々なかたちで規定する「戦後」の原点がそこにあるからである。戦後の日本が築き上げた諸制度が機能不全に陥り、社会を支えてきた戦後的価値観が根底から問いただされている今、現在に続くレールが敷かれた五〇年代に立ち還る意義はあるだろう。だが、もうひとつ〔の〕理由は、そこに現代の「原点」のみを見出すのではなく、それとは全く異なる社会の姿を想像／創造しえた五〇年代の潜在的な可能性のためである。敗戦から間もないこの時期の社会はまだ流動的でアナーキーな活力を秘めており、日本の針路は多様な選択肢の前に開かれていたともいえる(2)。

なかでも、この時代の芸術と政治を特徴づけるキーワードの一つが「記録」および「ルポルタージュ」であった。鳥羽耕史が明らかにしているように、当時これらの言葉には、従来の自然主義とは異なる新たな「リアリズム」の確立という問題が賭けられていた(3)。つまりそこでは、単に眼前の風景を客観的に記述するのではなく、政治闘争の現場にみずから飛び込み、おのれが見たこと、感じたことを主観も交えつつ報告するというスタンスがとられた。その中心にあったのはむろん、言葉による記録、すなわちルポルタージュ文学である。だがそれに加えて、この時代にはまたルポルタージュ絵画というジャンルも存在した。ルポルタージュ絵画とは、東京・砂川におけるアメリカ軍基地反対闘争(砂川闘争)のような全国の社会問題を取材した、一九五〇年代の一群の作品のことである。代表的な作品としては、桂川寛の『小河内村《おごうちむら》』(一九五二年)や、中村宏の『砂川五番』(一九五五年)などを挙げることができる。

本書の主題である内灘闘争についても、池田龍雄による『網元』(一九五三年)というルポルタージュ絵画が残されている。この作品では、画面中央にいる巨大な男が船と網を手中に収め、同時に、船と一体となった大縄でみずからの首を絞めている。なおかつその背後では、痩せてほとんど骨だけになった魚が不気味な様子で泳いでいる。おそらくこの中央の人物こそが網元(=漁業経営者)なのだろう。ルポルタージュ絵画は一般的に写実的なリアリズムを目指すものではないため、この作品も単純にその意味を確定できるような構図にはなっていない。それでももろもろの要素に鑑みれば、この『網元』という作品が、一時的な補償金と引き換えに土地の接収を許した、村議会をはじめとする当時の有力者を風刺するものであることは明らかだ(4)。

以上のように内灘闘争は、ルポルタージュを旗印とする一九五〇年代の作家・画家たちの作品のなかに、しかとその姿をとどめている。とはいえ本章の目的は、これらのルポルタージュ作品に現れる闘争の実態について、何か新たな史実や資料を付け加えることにはない。これから試みるのは、やはりルポルタージュを志した現在の会の活動に注目し、そこに書き留められた苦い失敗の記録、あるいは記録の失敗を追跡することにある。そのために、まずは最大のキーパーソンである、一人の人物を紹介したい。

2 伊達得夫とは誰か

雑誌「ユリイカ」（青土社）の誌面を長年にわたり飾っていた「私の昭和史」という連載がある。同誌の古い読者であれば、いつも巻頭に置かれていたこの連載を、一度は目にしたことがあるだろう。これは、詩人・弁護士の中村稔による回想録であるが、そのなかに内灘闘争についてふれた一節がある。それは、著者のかつての友人であり、四十歳の若さで亡くなった書肆ユリイカの創業者・伊達得夫《だてとくお》をめぐる述懐のなかに現れる。

「私は伊達を私の親友だと考えてきたし、伊達にとっての私も同様であったろうと考えてきた(5)」――中村は『私の昭和史』において、生前の伊達との友情をそのように言い表している。しかし実のところ伊達には、中村のまったく与り知らぬさまざまな顔があった。その一つが、先にもふれた現在の会との関わりである。すでにみたように、一九五二年に真鍋呉夫や安部公房を発起人として始まったこの同人は、「現在」を計十四冊、「ルポルタージュ 日本の証言」を計九冊刊行し、五五年にその活動を終えた。それは、実質的に三年あまりの活動であった。では、中村稔が回想する伊達得夫の知られざる一面と内灘闘争はいったいどこで出合うのか。まずは時系列に沿ってみていこう。

そもそも伊達得夫とは誰か。一九二〇年に日本統治時代の釜山に生まれた伊達は、旧制中学卒業までを京城で過ごしたのち、四三年に京都帝国大学を卒業した。その後は編集者として戦前・戦後の名だたる詩人たちに随伴し、四八年には書肆ユリイカを設立。伊達が五六年に創刊した詩誌「ユリイカ」は、伊達が没する六一年までのわずか五年間の発行であったが、詩人・清水康雄が故人の遺志を継ぎ、六九年の青土社の設立とともに創刊したのが、今日まで続く詩と批評の雑誌「ユリイカ」である。

四十歳という若さで没した伊達は、生前に少なくない文章をしたためていた。当人の生前の計画をもとに没後出版されたのが、私家版として二百部のみ印刷された『ユリイカ抄』（一九六二年）である。ここでは詳細は省くが、いくつかの数奇な運命から、この私家版の書物は幾度か版元を変えて復刻され、現在の読者はこれを二〇〇五年刊の平凡社ライブラリーの一冊として読むことができる。

3 内灘——私たちの報告

さて、次にみていきたいのは、その伊達得夫が記憶する現在の会と内灘闘争との関わりである。むろん、これがあくまで一個人の回想であるという点は十分に考慮すべきだが、これらは当の出来事から間もない時期に著された文章であり、あえてその信憑性を疑う大きな理由も見当たらない。(6)それによると、伊達は現在の会の発起人の一人として、会の名称を決める場に居合わせていたのだという。それどころか、「現在」という雑誌名を提案したのはほかならぬ伊達その人であり、それを、発起人の中心人物であった安部公房が面白がって採用したというのだ。(7)

こうした伊達と現在の会のつながりは、客観的にみればそう驚くべきことでもない。というのも、創刊からしばらくのあいだ、雑誌「現在」は伊達が社主を務める書肆ユリイカから発行されていたからだ。表向きには、書肆ユリイカが「現在」の発行元になっていたのは第二号（一九五二年八月）までであり、第三号（同年十月）からは発行元が現在の会に変わっている。しかし伊達によれば、これは警察が現在の会とのつながりについて書肆ユリイカに聞き込みにきたことが原因であり、その後も伊達と現在の会の関係が途絶えることはなかったという。知られるように、戦前のみならず戦後においても、日本共産党員が関わる文学・芸術運動は、基本的に警察による監視の対象となっていた。現在の会もその例外ではなく、発行元の変更もまた、そうした警察への対応の一環であったことは想像にかたくない。いずれにせよ、伊達が現在の会と深い関わりをもっていたという事実は、こうした客観的な記録によっても裏づけられている。

とはいえ、ここで注目したいのは、それとは別のことである。伊達の回想には、内灘闘争をめぐる次のような苦い記憶がしたためられている。事の顚末はこうだ。一九五三年六月、真鍋呉夫と伊達得夫は、全国から高い関心を集めつつあった内灘闘争をその目で見にいこうという算段をつける。交通費は友人から前借りし、闘争の模様を真鍋がルポルタージュとして執筆したものを販売すれば、原稿料や印刷代とあわせても元は取れる――それが当初の二人の計画だった。

しかし、この計画はあえなく頓挫する。確かに真鍋と伊達は内灘に行った。取材期間は約一週間。しかし伊達の再三の催促にもかかわらず、真鍋はなかなか原稿を出さない。あまつさえ、真鍋の周辺の友人たちは、健康状態のすぐれない真鍋から原稿を取ろうとする伊達のほうをひどく責め、彼らに集団で詰め寄られた伊達は、しまいには「定価の二割」という法外な印税契約を結ばされてしまう。

真鍋が内灘村に到着したのは一九五三年六月十五日、あるいは翌十六日のことである[8]。当初一週間ほどで書き上げられるはずだったパンフレットは二カ月近くたっても完成せず、「ようやく秋風が立ち始めたころ」真鍋は原稿を持って現れた（先ほどの印税契約をめぐる悶着は、その直後のことである）。結果、なんとか冊子はできあがるのだが、すでに内灘闘争をめぐるルポルタージュの商機は過ぎ、伊達が同書の営業で労働組合をめぐっても、いっこうに芳しい反応は得られない。最終的に、同書をゾッキ屋（ゾッキ本〔不良在庫になった本〕を扱う店屋）に持ち込んだ伊達は、無料《ただ》同然でそのパンフレットの束を店先に置いて立ち去るのだった[9]。

中村稔は、これを「涙なしには読みとおせない文章である」とし、そこに「日本共産党という組織のむごさの問題」をみるのだが、そのような所感は、中村がかつて抱いた共産党に対する個人的な幻滅が色濃く反映されたものだろう。ただ、伊達がこの事件によって精神的にも金銭的にも深い傷を負ったという事実は――ほかにも二つ三つ似たような証言を見つけられるため――確かなことであるように思われる。ちなみに『内灘』の発行元にクレジットされている朝日書房については、伊達が作ったもう一つの版元であったとか、伊達が雇われ編集者として仕事をしていた版元であるとか、いくつかの説がある。(10)しかしいずれにせよ、『内灘』を書肆ユリイカではなく朝日書房からの刊行にしたのも、当時の共産党と書肆ユリイカのつながりをカムフラージュするためになされた選択であった可能性は高い。

かくのごとく、戦後日本の文学者たちによる運動の歴史において、内灘闘争は、伊達得夫と現在の会の同人たちの蜜月を断ち切ったものとして記録されている。このことは、それ単独としては些細なエピソードにすぎないかもしれない。だが、その決定的な引き金となったのは、真鍋が伊達とともに現地取材までしながら、それを長らくルポルタージュとしてまとめることができなかったことにある。その理由を推測しても詮無いことではあるが、ここからはその真鍋の様子を書き留めた伊達の文章に、しばらく立ち止まってみたい。

4 ルポルタージュの理念

真鍋が執筆した『内灘』は、当時書かれた数多くのルポルタージュと似たり寄ったりのものである。「現地報告」と銘打たれたそれは五つのパートからなり、金沢駅から内灘村までの電車のなかで出会った同志たちとの交流や、村民たちの座り込み、県民大会、警官隊との衝突、そして住民・大学生・労働者たちの団結を象徴する合唱の光景などが書き留められている。さらに冊子の最後には、射撃場の轟音に起因する生活上の困難を訴え、アメリカ軍や日本政府を非難する地元の小学生たちの綴方が数ページにわたって掲載されている。

誤解を恐れずにいえば、これは客観的なルポルタージュ（＝報告）というよりも、特定のイデオロギーに根ざした政治的アジテーションに近い。もちろんルポルタージュという言葉が、単なる自然主義的な写生でなく、それとは異なる新たなリアリズムを追求するものであったことは、すでに池田龍雄の『網元』に即して述べたとおりである。ルポルタージュ絵画が――いささか意外なことにも――しばしばシュルレアリスムの方法を取り入れていたことからもうかがえるように、「ルポルタージュ＝客観的な記録」という等号を安易に設定することはできないのだ。[11] その意味で、『内灘』が出来事の客観的な記録に徹していないことをもって、これを批判するのはそもそも筋を違えている。

しかしそれにしても、この真鍋の報告が、現在の会の中心メンバーでもあった安部公房が唱えるルポルタージュの理念に届くものであったとは、とうてい思えない。有名な一節だが、安部の「ルポルタージュの意義」から、その核心的な部分を引いておこう。

（略）リアリズムの中でルポルタージュが占めるべき位置について、少々私見をのべてみることにします。私は解剖刀が医学の革命的発展にはたした役割に似たものを想像するのです。それは皮膚という日常性を切り裂いて、その裏の暗黒を差し示しました。皮膚の内部の追求によって、はじめて外部の合理的な諸関係がとらえられ、経験主義的な医学が科学的な本来の医学にふみ出したわけです。

むろんルポルタージュといわれるものが、すべて解剖刀の役割をもっているというわけではありません。そのようなものとして、ルポルタージュをつくり出そうというのです。常識的、啓蒙的なルポルタージュ概念が普通であり、それらが解剖刀でないことは言うまでもないことです。誤解をさけるためには、新しいルポルタージュという表現が必要なようにも思われます。(12)

ここには、若かりしころに医学を修めた安部らしい比喩がふんだんに用いられている。ここで示されるような図式でいえば、真鍋の現地報告はいまだ「常識的、啓蒙的なルポルタージュ」にとどまっており、社会の「解剖刀」としての「新しいルポルタージュ」には到達しえていないのではないか。だからこそ、私たちはここで目を転じて、真鍋呉夫によるルポルタージュそのものではなく、その陰で書かれた編集者・伊達得夫のテクストに目を留めてみたいと思うのだ。

5 内灘闘争をめぐる報道

すでにその一部を要約しつつ紹介したが、伊達は『ユリイカ抄』に収められた「火焔ビン文学者」において、真鍋呉夫とともに内灘村へと向かうことになった経緯を次のように回想している。それは、雑誌「現在」の第五号が発刊されて間もない一九五三年六月のことであった。このころ、石川県内灘では基地反対闘争がはげしくくりひろげられていた。一九五三年六月十五日、米軍は試射の第一弾を砂丘にうちこんだ。その音がラジオによって伝えられたとき、ぼくの耳もとに心臓がとび上ったような気がした。「現在」同人会の帰途、ぼくは真鍋呉夫にささやいた。「一しょに内灘に行かない？」「ああ行きたいなあ、金さえあれば、ね」「金はねえ、君がルポルタージュを書いてさ、ぼくが本にすれば、旅費くらいかせげると思うんだ。だから当座の間、誰かに借りればいいんだが。ぼくの分はあるから君の分だけ……」「うん、そりゃ名案だ。あ。泉君、泉君……」[13]

（傍点は引用者）

この「泉君」とは、現在の会の同人であった泉三太郎のことである。泉から首尾よく旅費を借りた真鍋は、すぐさま夜行で金沢に出立する。それに続く部分が興味深いのは、伊達が約一週間に及ぶ取材の模様を、たった数行で記述するにとどめていることだ。

その夜真鍋は上野を立った。翌日の夜、ぼくもカメラをさげてあとを追った。約一週間、ぼくたちは革命前夜のように湧いている内灘の村を歩きまわった。そのぼくたちの上に、砲声が絶えず重たく鳴っていた。[14]

（傍点は引用者）

内灘の回想は、これですべてである。むろん、この文章が内灘闘争ではなく、現在の会——にまつわるおのれの苦い記憶——の回想を目的にしたものであるという事実は、それなりに考慮すべきだろう。

しかしそれにしても、内灘闘争に関するこの記述の簡潔さは、いささか驚くべきものではないだろうか。その一つ前の引用とあわせていえば、内灘村への出発から帰還まで、伊達はただひたすらその「砲声」について――しかもごく簡潔に――語っているだけなのだ。

伊達の文章には、内灘闘争にふれた記述がもう一つある。それは、再三の催促にもかかわらず原稿を出さない、当時の真鍋の様子を書き記した部分に登場する。「その夜更け、ふと目をさましたぼくは、コードを低くたらした電灯の光の中で、ハチマキをしめて机にしがみついている、かれの苦悩の形相を見た」。伊達はこの日、真鍋の求めに応じて、彼の家に泊まり込むことに決めていた。

砂丘にひるがえる労組の旗や、村民のムシロ旗がかれの頭の中で、よっぴて嵐のように揺れていたにちがいない。そしてそれ以上に強烈などんな文字をも見つけることができないのだ――そして翌朝、原稿用紙は白いままであった。(15)

おのれの受けた仕打ちにもかかわらず、真鍋に対していっさい恨みがましいことを書き残さなかった伊達の人間性については、中村稔でなくとも感嘆を禁じえないだろう。いずれにせよ、伊達が書いているることが真実を突いているとすれば、真鍋は「砂丘にひるがえる労組の旗」や「村民のムシロ旗」の強烈なイメージに取り憑かれ、二カ月ものあいだ原稿を仕上げることができなかった、ということになる。結果、三千部刷られた『内灘』は、商機を逸しほとんど紙屑と化した。にわかには信じがたいことだが、内灘闘争がピークを迎えたとされる一九五三年六月から約二カ月後には、同地でのルポルタージュはほとんど一顧だにされなくなっていたのである。

本章の「はじめに」で、『内灘』の発行日が「一九五三年八月十五日」だとわざわざ書き留めておいた背景には、こうした事情がある。一九五二年九月、時の第三次吉田茂内閣が内灘砂丘地南北八・二キロメートル、東西一・三七キロメートルの接収を決定したことにより、内灘闘争は始まりを告げた。その後、村議会は接収の補償金をはじめとするいくつかの条件を飲むかたちで、四カ月の一時使用を賛成多数で受け入れた。しかし第四次吉田内閣は、接収後すぐさま内灘試射場の永久使用を決定。これが地元から大きな反発を招くかたちとなり、五三年三月の参議院選挙では、現職の国務大臣である林屋亀次郎を反対派の井村徳二が破る結果となる。そうした勢いもあって、現地では村民たちが権現森で座り込みを開始、加えて全国からも多くの支援者たちが内灘を訪れるようになった。

この運動のピークは、おおよそ一九五三年六月から七月とみることができる。真鍋や伊達のみならず、同年六月には大宅壮一や清水幾太郎といった面々が内灘を訪れ、新聞や雑誌に報告記事を書いた。だが、接収賛成派による反対派の切り崩しや、反対派の内部分裂などにより、八月に入るころには運動は急激に失速する。八月二日の大根布区民大会では外部団体との絶縁が決議され、若者たちを中心に愛村同志会が結成される。これら一連の流れのなかで、村民のなかにも接収賛成派が次第に増えていき、九月十四日には村長の中山又次郎が政府と交渉の末、「試射場の使用は三年以内」などの条件のもと、内灘砂丘の接収に合意した。

つまり、伊達得夫が『内灘』を風呂敷に包んで労働組合を行商していたのは、内灘闘争をめぐる報道のニーズが完全に去ったあとのことだった。伊達が営業先で聞いた「ははあ、内灘ですか」という冷ややかな反応は、それを端的に物語っているだろう。それがさらに三カ月後になると、ゾッキ屋の主人からも「こりゃ、いらねえな」と言われる始末である。失意の伊達は「いいよ、オジさん、タダであげるよ」と言って、その場を逃げるように立ち去るほかなかった。(16)

おわりに
――砲撃音のルポルタージュ

ここまで、『内灘』というルポルタージュとその周囲の人間模様をしばし紹介してきた。もちろん、真鍋呉夫の筆によるその文章にも、一定の資料的価値はあるだろう。だが、先ほども述べたように、その内容は内灘闘争を取材した当時の雑誌記事とそう大きく変わるものではない。そこで、当時の状況を知るためにむしろ注目すべきだと思われるのが、同書の編集にあたった伊達得夫が書き残した、『内灘』をめぐるもう一つの不遇なルポルタージュなのである。その収束がいかに急なものだったとはいえ、闘争のピークから二カ月もたたずにその情報価値が無に帰したというのは、いささか驚くべきことではないか。編集者・伊達が書き留めた『内灘』をめぐる苦い記憶は、内灘闘争の同時代的な受容をうかがい知るための貴重な証言である。

あるいは、ここで次のように考えることもできる。「その音がラジオによって伝えられたとき、ぼくの耳もとに心臓がとび上ったような気がした」――伊達の文章に現れるこの「砲撃音」こそ、いかなるルポルタージュ作品にも書き留められることのなかった、内灘闘争の主要な構成要素をなしていたのではないか。おそらく現在の会の同人だけでなく、闘争を取材したほとんどの人間が、ラジオを通して聞いたこの砲撃音にいざなわれるようにして、急ぎ内灘村へと向かった。しかしその砲撃音を、文学や絵画といったルポルタージュは適切に表象することができない（それは「ぼくたちの上に、砲声が絶えず重たく鳴っていた」と伊達が書くような、現地で体験される砲撃音とも次元を異にしている）。

内灘闘争を考えるうえで、このラジオによる砲撃音の伝達がもつ意義を見落としてはならない。それは、現在のように映像によるリアルタイムの中継が一般的でなかった時代に、多くの人々を内灘村へと向かわせる重要な第一撃となった。それは、新聞・雑誌記事のように、後世にそのまま記録されるような種類のものではない。その砲撃音はただ、ラジオでそれを耳にした人々の情動的な反応として、わずかにその残響をとどめているのだ。

ここまでみてきたのは、その砲撃音を聞いた若者たちによる、ある苦い失敗の記録、あるいは記録の失敗である。内灘闘争を取材した真鍋は二カ月以上も原稿を仕上げることができず、その取材を企画した伊達もまた、みずからの目で見た闘争の実態について、ほとんど何も書き残すことはなかった。しかし、それも無理のないことではなかったか――もしも、内灘闘争において真にルポルタージュの対象になるべきものが、むしろ旗でも座り込みでもなく、およそ言葉による記録の対象にはなりえない、その砲撃音にほかならなかったのだとしたら。

注

（1）現在の会編『内灘――その砂丘にえがく新しい歴史』（「ルポルタージュ 日本の証言」付録、「私たち

の報告」I）、三人社、二〇一四年

（2）鈴木勝雄「はじめに」、鈴木勝雄／桝田倫広／大谷省吾編『実験場1950s』所収、東京国立近代美術館、二〇一二年、四ページ

（3）鳥羽耕史『1950年代――「記録」の時代』（河出ブックス）、河出書房新社、二〇一〇年、八―一一ページ

（4）これについて、池田龍雄その人による証言もみておこう。日本美術オーラル・ヒストリー・アーカイヴのインタビュー（二〇〇九年）において、池田は次のように語っている――「僕は安部公房のそれに関わっていたから、はっきり絵画におけるルポルタージュという意識を持って、内灘に行ったんです。だけど結局どうも成り立たない。難しい。困難だなんていうのは内灘に行ってわかったんですけどね。つまり時間的な経緯を写真なら写真でぱっぱと出せるけれども、内灘の問題を一枚の絵で示すにはねえ、だから僕はシリーズという事を考えたんです、「内灘シリーズ」と。シリーズで描くという方法を取ったけど、それでも非常に難しいとわかった。それによって《網元》（一九五三年）を描いた。僕は実際には網元に会った事はないわけです。話を聞いてね、網元がどういう状態であるか、どういう役割をはたしているか。聞いた話では補償金の問題がある。それを網元がもらうんですね。それでわずかなお金が舟子漁民たちに渡る。そういう構造になってる。だから網元たちにとっては、基地反対は切実ではない。一方的に浜辺を奪われて接収されて漁業ができなくなった連中たちはもちろん生活に直接響いてくるから反対闘争をやってます。でも結局は基地に浜を提供しているということは、網元自身が自縄自縛。戦争に加担しているということになるわけで、そういう意味で首に縄を巻いて自分のものとして持っているつもりの舟を手に持たせて、骨だけになった魚が泳いでいる。漁民にとっては取れない魚ですから、骨だけの魚と同じ意味ですね。そういうのを描いたけどいちいち

説明するわけにいかないでしょう。だからわからないですねと言われると。その時は一応説明するけど、いちいちみんなに説明するわけにはいかないしね」。「池田龍雄インタヴュー1 二〇〇九年二月十一日」「日本美術オーラル・ヒストリー・アーカイヴ」(https://oralarthistory.org/archives/ikeda_tatsuo/print_01.php)[二〇二三年八月一日アクセス]

(5)中村稔『私の昭和史・戦後篇』下、青土社、二〇〇八年、一六〇ページ

(6)中村稔は『詩人たち ユリイカ抄』に収められた伊達の文章について、「記憶違いによる誤りや話を面白くするための虚構がまじっていることがあり、すべてを全面的に信用することはできない」と評している(中村稔『回想の伊達得夫』青土社、二〇一九年、一四ページ)。だが、のちほどみるように、伊達得夫の内灘体験をめぐって本章が注目するのは、そこに「何が書かれていないか」という問題にこそある。そのため、伊達の文章にいくばくかの「誤り」や「虚構」が入り交じっていたとしても、ここから先の議論に決定的な影響はない。なお、中村の『回想の伊達得夫』は比較的最近になって刊行されたものだが、内灘関連のエピソードについていえば、『私の昭和史』で書かれている以上の内容は見当たらない。

(7)伊達得夫『詩人たち ユリイカ抄』(平凡社ライブラリー)、平凡社、二〇〇五年、五五ページ(私家版『ユリイカ抄』は一九六二年刊)

(8)前掲の『内灘』を読むと、真鍋が「薄曇りの金沢駅頭におりたった」のは「六月十五日午前八時四分」のアメリカ軍試射再開第一弾の発射から約四十分後のことであった、とある(一ページ)。他方、伊達得夫『詩人たち ユリイカ抄』では、二人が内灘行きを決めたのは、この試射第一弾の音をラジオで聞いたことがきっかけであるとされており(五九ページ)、両者の記述は明らかに食い違っている。

（9）前掲『詩人たち ユリイカ抄』五九―六五ページ

（10）長谷川郁夫は、朝日書房は伊達の作ったもう一つの会社であったと明言している（長谷川郁夫『われ発見せり――書肆ユリイカ・伊達得夫』書肆山田、一九九二年、二〇〇ページ）。他方、林哲夫によると、朝日書房は一九六〇年ごろまでは活動を続けており、伊達は同社の「雇われ発行者」として『内灘』の編集に関わったのだという（林哲夫『古本スケッチ帳』青弓社、二〇〇二年、七六ページ）。残念ながら本章を執筆している段階では、朝日書房についてそれ以上の調査はできなかった。

（11）本章の関心からはやや外れるが、この問題についてはとりわけ次の論文を参照のこと。成相肇「現実《インチキ》大合戦――花田清輝のシュル・ドキュメンタリズム」『Critical Archive vol.3 批評 前／後――継承と切断』所収、ユミコチバアソシエイツ、二〇一七年、五七―七九ページ

（12）安部公房「ルポルタージュの意義」、安部公房／小林勝／エゴン・エルヴィン・キッシュ／ラディスラフ・ブブリーク『ルポルタージュとは何か？』（「ルポルタージュ 日本の証言」補）所収、三人社、二〇一四年、七―八ページ（初版は柏林書房から一九五五年に刊行）

（13）前掲『詩人たち ユリイカ抄』五九―六〇ページ

（14）同書六〇ページ

（15）同書六一ページ

（16）同書六五ページ

第5章

砂とむしろとカメラ

――内灘の土門拳

高原太一

はじめに

土門拳が「内灘闘争」を写した写真に、撮影から七十年を経て出合いなおす。その出合いなおしは、内灘闘争という出来事の非－体験者が大半を占める現在の私たちにとって、どのような経験になりうるのか。土門が内灘で出合ったものとはいったいなんだったのか。土門の内灘闘争の記録であり内灘訪問の記憶でもあるスナップ写真群を持って、私は「内灘闘争七十年記念事業 風と砂の記憶を紐とき紡いでいく」の会場へと東京駅から旅立った。その途中、私にはどうしても立ち寄りたい場所があった。

その場所とは、土門の内灘スナップを構成する一枚『内灘接収反対祈願祭』が撮影された神社である。金沢駅から北陸鉄道浅野川線に乗り換え、終点の内灘駅で降りると、あいにくの雨。駅前の観光案内所で土門の写真を見せながら、撮影地に心当たりがないかと係員に尋ねるもののわからない。ただし、いくつかの候補と除外すべき神社が見つかった。私は案内所で手に入れた地図をポケットにしまい込み、『内灘接収反対祈願祭』が撮られた神社を探し始めた。アドバイスに従ってまずは一駅分戻る粟ヶ崎方面に向かいながら。

本章をまとめるにあたり、私は同時代でも、また現在でもほとんど知られていない土門の内灘作品の一つ『内灘接収反対祈願祭』が撮られた現場をどうしても訪れたかった。一般に内灘闘争の「現場」と考えられ、土門をはじめとする多くの写真家が作品を残した砂丘地は過去に訪れたことがある。けれども、この『内灘接収反対祈願祭』は、写真家が闘争のより内部に分け入って写し取った内灘の人々が生きる「現場」の記録写真といえる。闘争の現場と生活の現場をはっきりと区別することは、ことに生活圏が問題の焦点になる基地闘争ではあまり意味をなさない。にもかかわらず、闘争が生活の場で闘われることを明確に表した作品は多くない。闘争が生活の場を作り替えていくこと、あるいは生活が闘争の場を作り替えていくことに現場のダイナミズムがはらまれていると私は考える。しかし、研究者同様、しょせんは外からやってきた異邦人たる写真家が、生活の場で闘う人々の日常に近づき、シャッターを切るという行為は容易ではない。筆者が専門にする砂川闘争でも、ごく限られた写真家だけが生活の場で闘う人々の姿をカメラに収めていた。警官隊との衝突場面でもなければデモ行進の場でもないふとした日常風景を切り取っているように見えながらも、しかし、闘争のなかでしかありえない顔や姿態を写し取るに至った土門の道筋を、実際に歩くことで確かめたかったのだ。この歩きで得られた知見については以下で記していく。あわせて本章では、土門の同時代的な発言や写真論も参照していく。土門の写真論に照らし合わせたとき、『内灘接収反対祈願祭』を含む内灘スナップはどのような位置を占めるのか。加えて本章では、被写体になった子どもや女性たちが置かれていた状況についても分析していく。このような三つの視点から土門の内灘スナップの総体を把握し、内灘闘争の実相に写真を通して接近する。それが目指すところである。

1 土門拳『内灘闘争 むしろ旗』

戦後リアリズム写真運動の旗手であり大家として木村伊兵衛とともに華々しい活動を展開していた土門拳が、一九五三年六月から七月にかけて石川県河北郡内灘村を訪れ、砲弾試射場設置に伴う砂丘地接収絶対反対闘争の現場を撮影していたことは、写真家の生涯を振り返るうえで語り落とされることがない写真史的な出来事である。(1)

そのなかでも、とりわけ土門の内灘作品として知られているのが『内灘闘争 むしろ旗』と名づけられた一枚である。一九五三年六月十日に金沢市内で撮られた写真の中心かつ画面の大部分を占める二本のむしろ旗。それぞれの旗には太々と墨で「内灘接収 絶対反対」「電産ワ基地エ電気オ送ルナ」と記されていた。土門が「内灘闘争」をモチーフに、当時彼が用いた言葉でいえば「フォトジェニック」な風景として切り取ったのが、デモ行進のなかで押し出される地元民のむしろ旗とその周囲に乱立する支援者たちの旗だった。それは「地域住民がみずからの命と暮らしを守ることを根幹として支援勢力との共闘に発展していった(2)」という内灘闘争に与えられた歴史的評価を裏づける、まさに歴史を写し取ることに成功した傑作である。

しかし、土門のむしろ旗の質感までを見事に捉えた写真に、旗以外のものや人の姿が写り込んでいるのを見逃すことはできない。旗の隙間から、私たちは旗を持つ人々の横顔や旗竿を握り締める人の手、旗の後ろに続く民衆の表情を目撃する。むしろ土門はこのような仕掛けを得意のクローズ・アップとトリミングという二つの技法によって演出していた。その演出具合を見て取れるのが、同じデモのシーンを引きのショットで捉えた別の作品である。(3) 土門の「絶対非演出の絶対スナップ」とは、シャッターを切る瞬間に限定した方法論であった。(4)

それでは、土門の『内灘闘争 むしろ旗』は、トリミングによって何を切り取り、クローズ・アップによって何を際立たせることで、作品の完成度を高めていたのか。その答えは、前述した別カットの写真と比較した際に明らかになる。しかし、本章では構図の差し引きではない方法で土門の「絶対非演出の絶対スナップ」の実相に迫っていきたい。すなわち土門の写真論にとって内灘で何を撮ることが、何を写さないことが重要だったのか。次に土門の内灘作品前後の方法論的試行錯誤の様子を跡づけ、内灘に向かう土門の構えを確認していこう。

2 岡本太郎との対談

土門は内灘での撮影後に、雑誌「カメラ」の企画で同世代である岡本太郎と対談をおこなった。対談では、写真の方法をめぐって緊張した言葉のやりとりが両者のあいだで続いた。岡本は対談冒頭から「写真というのは偶然を偶然で捉えて必然化することだ(5)」というテーゼを突き付け、「そういうチャンスをうんと持っている人間がほんとうの写真家じゃないか」(同記事一四三ページ)と述べ、「むしろシャッターを切ったというよりも偶然写真の中に入って来たというものがあったら、たいへんな写真だと思いますね」（同記事一四三ページ）と挑発的に語った。

岡本がこの日相当の迫力をもって土門に挑もうとしたその根底にあったのは、岡本が感じていた土門の写真家としての「不徹底」さであった。岡本は言う。「土門君は、偶然性を捕えようとしているんだけれども、それならば、偶然は向う側ばかりじゃない。それを捉えるこっちも偶然でなきゃならない。その点がまだ不徹底だと思うんだよ」（同記事一三七ページ）。岡本が土門に求めたのは「写真の機能だけが捉えることのできる新しい表情を捉え」（同記事一三八ページ）ることだった。それを獲得するためには、写真家は徹底して「類型」を拒絶し、安直な「ドラマ性」を排除しなければならない。「アクチュアリティを瞬間につかまえる」（同記事一四〇ページ）。それがこの日岡本が提示した写真（家）論だった。ここで批判の俎上に載せられたのが、土門の『江東の子供たち』をはじめとする「いたずらっ子の一連の写真」（同記事一三九ページ）だったことは興味深い。内灘作品の直前に発表された子どもたちの写真について岡本は「あれは無造作に撮ったようにしていながら、子供と一緒の世界にいたんじゃなくて、そういう類型を形の上に探し求めているような気がするんだ」（同記事一三九ページ）と批判したのである。

これに対して、土門は「いや、よくわかるよ」（同記事一三九ページ）と納得しながらも「主観」をキーワードに反論を試みた。それは自身の撮影経験に基づいた具体的な反論だった。「僕の写真の基本のレーゾンデートルは客観至上にあるといっても、いつ何を写すかということは、あくまで写真家の主観による選択にまかされているわけですよ。どんなことをしたって、一枚の写真の効果や意味は、写真家の主観に色付けされたものにならざるを得ないんじゃないかと思うんですがね」(同記事一四二ページ)。そして、「そういうように写真の機能をギリギリに追求して行くと、写真家の思想性もいらないし、ヒューマニティもいらない、ただカメラを運搬し、シャッターを押すハンドルみたいになってしまうんじゃないかな」(同記事一四二ページ)と、プロの写真家として譲れない一線を引いたのである。

しかし、岡本は「主体の方にパワーを置くべきものじゃないと思うね」(同記事一四二ページ)と言葉を重ねた。なぜならば、写真家の「主観」がシャッターを切らせるにしても、できあがった写真がそのまま「主観」どおりに写るのではないところに絵画にはない写真の魅力が存在すると岡本は考えていたからである。岡本はさらに土門が「シャッターを押すハンドルみたいになってしまう」と述べたことに対して「そこまで徹底して行って初めて写真の秀れたほんとうに正しい機能を発揮できると僕は思うんだよ」(同記事一四二ページ)と切り込み、「徹底的にハンドルになればいいんだよ」(同記事一四二ページ)と語った。これに対して土門は「太郎さんの言うようにすると、ただ写っているだけだということになるね」(同記事一四三ページ)と、岡本の論を退けるものの、岡本は間髪を入れず「ただ写っている写真が見たくてしょうがないんだよ。(笑声)」(同記事一四三ページ)と念押ししたのである。

このように土門と岡本の対談は終始平行線をたどった。しかし、土門の「レアリズム写真論」には岡本の「写真家＝ハンドル」論を受容する方法論的用意がすでに備わっていたことに着目しよう。その象徴が土門の「鬼」という概念だった。同対談のなかでも「鬼」について土門は説明を加えている。岡本が「むしろシャッターを切ったというよりも偶然写真の中に入って来たというものがあったら、たいへんな写真だと思いますね」(同記事一四三ページ)と述べた直後に土門は「そういうのを「鬼」といってるんですよ」(同記事一四三ページ)と言い換えていた。実際、土門は内灘作品と同年に出版された写真集『風貌』に所収された論考「肖像写眞について」のなかで、「いい写真というものは、写したのではなくて、写ったのである。計算を踏みはずした時にだけ、そういういい写真が出来る。僕はそれを、鬼が手伝った写真と言っている[6]」と定義していた。

ここに岡本と土門の写真(家)論が一致する地点を見いだすことは難しくない。しかし、岡本の写真(家)論が土門のそれよりも現代写真(家)的なのは、カメラが偶然を捉えるためにはそれをつかまえにいく写真家自身も「主観」などは放擲し、非‐人間つまりは「鬼」にならなければならないと考えていたからである。岡本は「絵画芸術」を引き合いに出しながら「写真では、主観とか何とか言っているけれども、ひょっとシャッター・チャンスがずれたことによって、自分で想像もしていなかった、実力以上のものが出るじゃないか。自分の分際以上のものが出る。絵の場合、それは絶対ないですね[7]」と述べ、「本当は作家の名前なんかいらないくらいだと僕は思うんだよ」(同記事一四三ページ)と語り、そこに「写真の今日の芸術としての凄みがある」(同記事一四三ページ)と対談タイトルにもなった「今日の芸術」としての写真の潜在力について論じた。

このように岡本は、土門に対して「芸術家意識」や「芸術性」「主観性」「計算」などは放り捨て偶然カメラのなかに入ってきたものをレンズに定着させつづける異形な生き物としての写真家像を提示したのである。すなわち鬼になれ!と土門を激励した。けれども、土門は「百年以上の生命を持つ写真は、全部非主観、客観至上の立場において撮った写真なんです」(同記事一四三ページ)と、岡本の方向性を認めながらも、どこか振りきれずにいた。「主観」という言葉は、その中途半端さを象徴するものであり、岡本の眼にはそれが土門の「不徹底」さとして映っていた。それならば、写真の鬼と呼ばれた土門は、内灘で「鬼」（＝偶然性）をスナップすることができていたのだろうか。あるいは期せずして土門が「鬼」になったような写真は存在するのか。『内灘闘争　むしろ旗』が内灘作品群の代表作であるのは周知の事実だが、ここでは偶然性という角度から内灘スナップ群に迫ってみよう。

3　『じゃんけん陣とり』と『内灘接収反対祈願祭』

その手始めとして考察したいのが、私がコピーを片手に七十年後の「現地」を探して歩き回った、女の子五人が路上で遊ぶ姿を写した『じゃんけん陣とり』と神社の祭りで遊ぶ子どもたちの写真『内灘接収反対祈願祭』という二つのスナップショットである。ともに土門拳『こどもたち』[8]に収められたこれらの作品に、もし「内灘」というキャプションがなかったならば、土門が撮影旅行の際に昭和の農漁村の風景を撮った一枚として見過ごされてしまうかもしれない。しかし、これらの写真にそこはかとなく土門らしさを感じるのは、小河内ダムの建設問題で揺れる西多摩郡小河内村を訪れて撮影した土門の最初期の傑作である『傘を回すこども』（一九三五年ごろ撮影）と共通するまなざしを見て取れるからだろう。

まずは二枚の全体像から確認していこう。写真の背景をなすのは『じゃんけん陣とり』が民家、『内灘接収反対祈願祭』が神社と異なるものの、全体的な構図はよく似ている。前者の場合、画面中央に写

写真１　土門拳『内灘接収反対祈願祭』1953年
土門拳写真美術館（土門拳記念館）所蔵

る二人の女の子が正面を向いて笑っていて、その左右に友達が配置されている。後者の『内灘接収反対祈願祭』も、中央に男の子二人が正面を向いて立ち、その左右にはほかの子どもたちが散らばるように写っている。ただし、二枚が似た印象を与えるのは構図の一致によるだけではない。子どもたちが立つ地面がいずれも砂地であること。それによって地面の足跡がはっきりと写し出されていることが、これらの写真に独特な雰囲気を漂わせている。内灘は砂丘地である。だからこそ、砲弾試射場の候補地になった事実を忘れてはならない。

けれども、家の前で遊ぶ子どもの姿を写した『じゃんけん陣とり』はもちろん、『内灘接収反対祈願祭』も鳥居に「接収反対祈願祭」という横断幕が掛けられていなかったならば、なんていうことはない漁村の日常を写したスナップとして見過ごされるだろう。しかし、そこに「接収反対祈願祭」という横断幕が掲げられていることが、この「遊ぶ子ども」の写真を内灘闘争という歴史的な出来事の渦中で記録した、ロラン・バルトの言葉でいえば「偶景」をドキュメントした一枚へと変質させている。大文字の「政治」が、子どもたちの日常風景にまで作用する改変の力に、土門は鋭く反応した。そこに土門が独自に見いだした「内灘問題」の切実さがあった。これらの写真についてこのように解釈できるものの、ただちに次のような反論が予想される。この二枚の遊ぶ子どもの写真は「接収反対祈願祭」という横断幕を入れ込むことで、あるいは『じゃんけん陣とり』に興じる地元の子どもたちを写すという外しによって、内灘闘争らしくない記録写真として、つまりは反‐報道写真的記録の撮り手としての土門の作家性を評価できるにすぎない、と。私は、このような批判に対して、土門のカメラは、もっと深いところで子どもたちの遊びに感応したのではないかと考える。なぜならば、内灘の子どもたちは、偶然と必然が絡み合う避けがたい力によって、遊んでいる姿を土門のカメラでスナップされていたからである。子どもたちと土門は出会うべきときに出会うべき場所で出会った。子どもたちのまなざしこそが土門にカメラを向かせたのである。この偶然と必然について考えるためには、内灘の子どもたちが試射場設置問題が持ち上がって以降、どのような状況に置かれ、どのような心情のなかで生活していたのかを検討する作業が必要になる。ここで検討素材として用いるのが、彼／彼女たちが記した作文である。土門のカメラが捉えた偶然と必然について、被写体側に属する内灘の子どもたちが生きていた状況から考えてみよう。

4 内灘の子たちの作文

内灘闘争の渦中で、地元内灘村の小学生や中学生は多くの作文を残していた。一九五二年十一月二十七日付の「朝日新聞」（石川版）は「現在村では小、中学校全員が接収反対を訴えた作文や図画を書いて、全国の児童に呼びかけようとしており」と報じる。内灘だけでなく、後年の砂川闘争でも闘争期間中に地元中学生による作文が残されたが、その動きは必ずしも教師や大人によって「書かされた」ものとはいえない。[9]内灘の場合、林屋亀次郎国務大臣と内灘村民代表との会見の場である「婦人」が訴えたように「健康な男は全部出漁し、主婦は行商に、家に残るのは老人と子供だけ[10]」という状況が子どもたちの「内灘問題」に対する基本的な意識を形作っていた。出稼ぎ漁業が主軸の内灘で、接収対象になった海面や浜での「沿岸漁業や潟漁は子ども・高齢者・女性が中心[11]」であり、子どもたちも大人たちと等しく、試射場設置のために砂丘と海面を強制接収されることで被害を受ける当事者だったのである。

この地域的な状況に加えて子どもたち（ここでは保育園児から中学生までを指す）は、大人とは別の固有な「内灘問題」を抱えてもいた。その一つが、遊び場の喪失である。一九五三年八月二日の「大根布部落区民大会決議」の文面が、問題の深刻さを伝える。村役場がある大根布部落――内灘闘争を支援した清水幾太郎の言葉を引けば「大根布の部落にボスが一番多い[12]」――では、他部落に先立って「妥協派」が力を握った。その分かれ道になった外部支援団体（全日本学生自治会総連合〔全学連〕や日本共産党）との絶縁を宣言した「大会決議」の最後「四」は、「保育所の保姆でスクラムを組んだものあり、停止させる」という条項だった。(13) 裏返していえば、大根布地区にある保育所の保育士たちはスクラムを組むほど戦闘的に、大会決議で停止を求められるほど熱心に運動に加わっていた。その理由は大根布保育所から支援団体に送られた「御礼状」の文言から推測できる。

子供達の母親は炎天の砂丘にすわり込んでおりとかく母親が留守になりますので保育所では出来るかぎり子供達の心を楽しませる様努めております。昨年までは百七十名の子供をひきつれて広々とした砂丘にかけ上がり五月にはアカシアの花でカザリ作り貝がらのままごと遊びと楽しい日を過ごしました。今年は痛々しい金網が張られて子供達の希望にも答えられませんが、私達は勝利のある日に望みを持って保育に従事致しております。(14)

ここから、保育士たちが試射場設置に反対する理由が透けてみえる。試射場の建設によって、それまで日常的に送られてきた子どもとの生活（砂丘への遠足や遊び）が中断されるだけでなく、子どもたちの親が座り込みにいくため自宅に不在になり、また接収地の周囲に張り巡らされた金網によって子どもたちが保育所のなかに閉じ込められるような日々が続いた。だからこそ保育士たちは、外に出られない子どもたちがそれでも楽しく過ごせるように尽力し、根本原因である試射場の建設に反対するスクラムにも加わっていた。砂丘は幼い子どもたちの遊び場であると同時に、新しい世界と出合い成長を促す場でもあった。別の記述からは、保育所に通う子どもたちが貝殻をごっこ遊びの釜や鍋、茶碗に見立て、アカシアの花をリボンに変え、砂丘に円を描いては相撲に興じていた様子がうかがえる。[15] いわば子どもたちの生態系を形成する環境――ある保育士の表現でいえば「子供の天国」[16]――が失われる危機が、地元保育所の保育士たちにとっての「内灘問題」だったのである。そのことを考えたとき、『永久接収』私はこの可愛い子供等と共にこの言葉を永久にほうむってしまいたい[17]」と訴える保育士の切実さが腑に落ちる。

それでは、子どもたちは試射場建設に対してどのような思いや問題意識を作文で語っていたのか。ここでは二人の作文を取り上げていく。はじめに検討するのが大根布小学校五年・松川洋仁の「無題」である。松川は、平日の朝八時から午後五時のあいだという小学校の授業時間と重なるなかで実施される試射＝「大砲の音」によって「勉強もできません[18]」と被害を語ったうえで、学校以外の日常生活での被害について、「僕達の村ではあそび場もないので、学校がすむといま試射場になっている所が僕達が野球をする一番の所なのです」（同作文六三ページ）と明かし、現在試射場として利用されている砂丘については、「このまえの日曜日にみんなでゆきましたが、鉄じょう網を五だんにはり、その間をななめにまたはってあるのをみて、もう僕らのすきな野球もできなくなり、さみしくなりました」（同作文六三ページ）と述べた。

この状況は、松川ら地元の子どもたちにとって放課後の楽しい遊び時間を奪うだけにとどまらなかった。「もう夏休みになるが今年から泳げなくなるのが野球をできないより残念です。夏休みになると、お父さんからひまをもらって五、六人の友だちと毎日海にゆくのです。あさりをとり、かにをおい、かえりに貝のかず取りには、ぼくとはじめくんがいつも一番です」（同作文六三―六四ページ）

ここから内灘の子どもたちにとって、試射場建設のために砂丘と海面が接収され、鉄条網によって周囲一帯に立ち入りができなくなることの重みがわかる。それは、普段の遊び場がなくなるだけでなく、夏休みという特別な時間さえも実質的に失うことを意味していた。大根布小学校に通う多くの子どもたちが漁師の子であり、ゆくゆくはそれぞれ親兄弟の後を継ぐような者たちにとって、海で過ごす時間は来るなりわいへの長い助走期間としてあった。とりわけ大根布の場合、夏の期間になると大人たちが出稼ぎにいく関係から小学三年生以上の子どもは「狩曳」という作業に従事し、「早くから漁師になることが仕込まれ」ていた（『資料集』一八ページ）。松川の作文にも、「夏休みになると、お父さんからひまをもらって」という記述があったが、「ひまをもらっ」た日以外は親たちの手伝いをしていたということである。試射場のため強制接収の対象になった砂丘や浜は、地元の子どもたちにとって労働と遊びが混然一体になった学びの場でもあった。その特権的な場所について地元の子どもたちが抱く強い気持ちのありようが読み取れるのが、次に取り上げる「砂丘地」である。五年生の島川智江は「私たちの愛していた浜」という書き出しで、浜がもつ固有の意味を語った。

にいさんたちもりょうにでかけて、おいしいさかなをたくさんとってきて、一家おいしくたべていた。あのしずかな波、またきれいな砂浜、千鳥もきれいな声でなく。私達がお母さんといっしょにおよぎにいって、貝をたくさん拾って夏休みのさく品にした。もしこの砂丘地がアメリカの演習地になったら、私達のお母さんはどんなにかなしむでしょう。だから私たちは、アメリカへ砂丘地をわたすのは絶対反対です。子供は子供なりに浜の接収に反対しているのである。(19)

そして、島川は文中で「愛していた浜」の思い出を数え上げるように記述する。注目すべきは、「さかな」や「波」「砂浜」「千鳥のきれいな声」「貝」と砂丘地に暮らすすべてのものをひとつながりで描いていることだろう。しかし、当時噂されていたように試射場から「アメリカの演習地」になれば、それらの結び付きは永久に途絶えてしまう。そのことへの強い異議申し立てが「絶対反対」の根拠になっていた。まさに「子供は子供なりに浜の接収に反対しているのである」。

地元の小学生が記した同時代的な作文から浮かび上がるのは、彼／彼女たちにとっての「内灘問題」とは遊び／学び／働き／稼ぐ場所である砂丘や浜に立ち入ることさえもできなくなり、しかもそれが一時的な事態ではなく永久的なものと考えられていた状況であり、自分たちが生きる場が無期限に収奪（接収され強奪）されることを意味していた当事者たちの危機感である。この切羽詰まる状況をそれぞれ抱えながらも、日々の生活を送る内灘の子どもたちの姿に土門のカメラは出合ったのである。

5 土門が写した「歴史」とは

子どもたちが置かれていたこのような状況を念頭に置いたうえで、あらためて『じゃんけん陣とり』と『内灘接収反対祈願祭』について見返してみよう。『じゃんけん陣とり』は、家の前の狭い路地にわずかな空地を見つけて陣とり遊びに興じる子どもたちの姿を捉えた作品であり、『内灘接収反対祈願祭』は、祭りの直前の静的な瞬間を捉えた写真である。

しかし、土門が反対闘争で盛り上がる渦中ではないときに訪れていたならばこのような瞬間にシャッターを切っただろうか。前述した岡本との対談中、土門は「その瞬間にシャッター・チャンスをつかまえないかぎり、撮れないし、一度撮ったものを二度撮ることもできない」（同記事一四一ページ）と、スナップ写真を成立させる本質的な偶然性について語っていた。

二枚のどちらもが数分後には消えてしまう光景である。土門は、偶然、子どもたちと出会い、シャッター・チャンスに遭遇した。しかし、土門がいわゆる報道写真家として「内灘闘争」を撮りにきていたならば、このような風景や瞬間に接したとしてもシャッターを切ったかは定かでない。少なくとも、カメラの前には闘う内灘の人々の姿を見つけることはできない。けれども、被写体になった子どもたちからすれば、試射場設置という思わぬ出来事によっていちばんの遊び場だった砂丘と浜という「子供の天国」から追放され、その代わりに路地と神社という最も身近な場所に新たな遊びの場を見つけていた。家の前に広がる砂地の路地に足で線を引き、陣とり遊びの場へと変容させたのは子どもたちの深い英知によるものである。この即興的な遊びの場に遭遇した土門は、子どもたちの日常にも容赦なくのしかかる「内灘問題」の本質とそれに屈することなく限られた条件を生かしながら自由に遊ぶ子どもたちの姿に内灘闘争という反乱を構成する本源的な形態やその抵抗を支える民衆的な精神にカメラでふれていたのではないか。あえて二項対立的にいうならば、大人からの収奪に対抗する子どもたちの陣とり遊び。その陣が自分のものになるかはじゃんけんに委ねるほかはないという偶然が支配する神事的領域。あるいは神社で執りおこなわれようとしている祈願祭の風景。内灘の歴史に照らせば、事あるごとに繰り返されてきただろう、その時空間のなかでどこか身の置きどころが定まらず身体と時間を持て余しながら境内でたむろする子どもたちの姿もまた、内灘の歴史的日常風景だろう。この偶然と必然が、歴史と現在が、過去と未来とが幾重にも交錯し円環する瞬間に、カメラを持った土門が居合わせシャッターを切った。

砲弾試射場建設という出来事は、きわめて現代的で朝鮮戦争・冷戦体制下という新しい世界情勢下での事件だった。けれども、この極地で『じゃんけん陣とり』や『祈願祭』という原初的な遊びに内灘の人々は回帰していた。そのしたたかな民衆的姿を写真の鬼と呼ばれた土門が記録した。だが、このような解釈も岡本が揶揄した「類型を形の上に探し求めている」だけかもしれない。というのも、私は、これらの写真にもう一つの「鬼」の姿が写っていることを教えられたのである。七十年記念事業に参加する直前、祈願祭が執りおこなわれた神社を探し回っていたとき、粟ヶ崎駅に隣接する菅原神社に集まっていた氏子衆から「撮影場所は宮坂か室のほうではないか」と教えられ、「まずは大根布にある小濱神社に行くべきだ」と勧められた。小濱神社に着くと、神主の家族から「探している神社は宮坂にある黒船神社だと思う」と言われ、さらに北東へと河北潟放水路を越えて向かった。そして、内灘駅から一時間以上をかけてたどり着いたのが、土門の『内灘接収反対祈願祭』の撮影地と考えられる黒船神社だった。七十年前に撮られた写真と同じような鳥居、同じような砂地が広がる。現在は小濱神社が管理をおこなっているため神主は常駐していなかった。そこで隣接する蓮徳寺を訪れた。寺の人は突然の訪問に驚きを隠せないようだったが、いちばん驚かれたのは内灘駅から歩いてきたということを伝えたときだった。それが打ち解けるきっかけになって、写真についてさまざまな資料に当たってもらい、それならば詳しい人を呼んであげるということで一人の高齢の男性が私たちの「推理」の輪に加わった。そして、その〝おじいちゃん〟から明かされたのが、写真の撮影地は隣の黒船神社で間違いないこと、写真に映っているのぼりは祭りのときはいつも掲げられていたこと、しかし、この接収反対祈願祭のことはよく覚えていないが、写真の左隅に映り込んでいる帽子姿の男性のことは覚えているということだった。その帽子を被った初老姿の〝おじさん〟の記憶は、同席した同年配の女性も共有していた。〝おじいちゃん〟は私に「このおじさんの左腕がないでしょう」という。そういわれて見ると、出店の準備をしているおじさんの左腕のシャツの袖がだらんと垂れ下がっている。「お祭りのときは、たしか金沢からいつも店を出しにきていた」と二人が語る帽子のおじさんは、時代背景を考えれば元傷病兵（戦傷病者）だったかもしれない。確かなことは内灘の子どもたちにとって、黒船神社で執りおこなわれる祭りと出店のにぎわい、片腕が不自由なおじさんの姿が切り離せないものとして記憶されていたことである。土門がシャッターを切るときにこの〝おじさん〟の存在に意識的だったかはわからない。しかし、少なくともトリミングで切り取ることなく『祈願祭』の写真に一人の「よそ者」の姿を写り込ませていた。ここで土門が内灘への撮影旅行とまったく同時期に傷痍軍人について「敗戦日本の最も典型的な社会的現象であり、存在である。社会的レアリズムの立場からは重要なモチーフである[20]」と論じていたことは押さえておくべき視点だろう。

そのあと私は当時の神社の様子を教えてもらっただけでなく、神社の目の前にあったという内灘診療所の所長を務めていた莇昭三医師が蓮徳寺で講演をした際のＤＶＤまで借りて、さらには「もう集会に遅刻だろう」と会場まで車で送ってもらった。私は、まったくの思いがけない出会いと心遣いに深く心打たれながら、これも予想を遥かに超える三百人近い人が集まった七十年記念事業の会場に入ったのである。土門の撮影から七十年の時を経て、その記録写真は思いがけない出会いと記憶を呼び寄せた。まさに土門の写真が「鬼」になり、過去の世界といまの世界を橋渡しして、人をつないだ。蛇足ながら、私が古書店で手に入れ、本章でも史料として参照した『内灘闘争資料集』の扉部分には、同資料集の編集委員の一人でもあった葝医師の直筆で「この道を、歩みはじめて、又、この道を歩みつづける」と記されていた。

土門の「鬼」とは、偶然写真のなかに写ったものを第一に意味している。しかし、はたしてその偶然は「偶然」だろうか。偶然写ったものの存在に目を凝らせば、そこには何らかの必然性が見いだせる。見落としてはならないのが、偶然起こったこと、偶然撮られたことの歴史的な重みである。土門は『じゃんけん陣とり』と『内灘接収反対祈願祭』という作品で、内灘闘争という出来事史を超える歴史的な時間を写し取っていた。私が偶然ながら七十年後の内灘で体感したのが、その「鬼」(=偶然性)を現前させる力も歴史に由来するということである。

黒船神社が位置する宮坂——一九七八年に合併する以前は黒津船地内と呼ばれた地区——は、内灘闘争で最後まで座り込みを続けた地域だった。[21]それだけでなく、闘争の中心的な支援者だった葝医師が所長を務めた内灘診療所は地域の人々の手を借りて同地に建てられたものだった(『資料集』二〇六—二一四ページ)。そして、闘争終結後も自分たちの歴史や記憶を継承するため、前述のような講演会を催すなどの歴史実践が展開されていた。このような政治的かつ文化的な磁場で土門がシャッターを切ったのは、偶然とは思えない。しかし、その風景は蓮徳寺で出会った人々が教えてくれたように、戦後の内灘で毎年繰り返されていた「懐かしい」風景だったのである。その日常性が記憶としては残っていない『祈願祭』の写真について語る余地を残した。「私は知らない」で終わらない膨らみをもった出来事が写真に写っていたのである。岡本が、土門に対して「あれは無造作に撮ったようにしていながら、子供と一緒の世界にいたんじゃなくて、そういう類型を形の上に探し求めているような気がするんだ」と『江東の子供たち』を引き合いに出して批判したことは前述したが、内灘で撮られたこの二枚の写真を見るかぎり、土門は間違いなく闘争前も闘争後も続く「内灘の子供と一緒の世界」に居合わせ、レンズに定着させた。このシンクロが歴史を記録するということであり、土門の「絶対非演出の絶対スナップ」の真骨頂だったのではないか。そして、土門のカメラはこの内灘で岡本がいう「偶然を偶然で捉えて必然化する」力も宿していた。

6 『団結小屋での座り込み』

それでは最後に、内灘闘争を象徴する「座り込み」をスナップした土門の写真を取り上げていこう。『内灘闘争 むしろ旗』と並んで土門の内灘作品として名高いのが、「世界」一九五三年九月号（岩波書店）のグラビアページ「内灘 撮影・土門拳」に所収された一枚『団結小屋での座り込み』である。同号には、清水幾太郎の「内灘」と中村静治の「内灘のたたかい」も掲載されていて、清水が大根布の保育所や黒津船地内の「某寺」で講演をおこなったことが記されている。[22]

写真２　土門拳『内灘闘争 座り込み』1953年
土門拳写真美術館（土門拳記念館）所蔵

けれども、清水は座り込みをしている小屋を訪ねたものの、そこにいる人々について具体的な描写をおこなっているわけではない。清水はただ「三つの小屋から一人残らず出てきて、旗を振って、歌を歌って、私たちを送ってくれる。雨は降っている。歩きながら、何度振り返っても、小屋の前に旗が動き、みんなが手を振っている。何か叫んでいるのであろうが、何も聞えない。私は砂の上に涙を落した」[23]と、感動的ではあるが清水からの一方的なコミュニケーションの様態が記されるのにとどまっていた。

その清水とは対照的に、小屋のなかで座り込む人々の姿とその周囲に広がる風景、つまりは座り込む人々の生態系とでもいうべきものを記録したのが、土門の作品『団結小屋での座り込み』である。これが掲載された「世界」には、土門がカメラを手に小屋のなかに立ち入り、撮影したカットが収載されている。この記録群によって私たちは内灘闘争を闘う人々――そのほとんどが「あねま」や「オカカ」と呼ばれた女性や子どもたちである――の表情や小屋のなかの「日常」をうかがい知ることができる。まさにリアリズム写真と呼ぶのがふさわしい連作である。

しかし、このような、ともすれば教科書的な「類型を形の上に探し求めているような」写真の見方では、土門の「鬼」(＝偶然性)を生成する諸力にふれずじまいだろう。岡本と土門の写真論に即しながらもう一度『団結小屋での座り込み』について考察してみれば、このなかに内灘の「全部」が「絶対的」に写っていることに驚きを隠せない。ここでいう「全部」や「絶対的」というのは、内灘という場所や闘争の渦中などの制約を超えて、人類が暮らし始めた創世記からのすべての「歴史」を含んだという意味である。時空を凌駕する存在としての「鬼」が写真のなかに立ち現れているといいたいのである。

まずは『団結小屋での座り込み』の構図を確認しよう。これまでの内灘写真と共通する特徴だが、土門のスナップ写真には奥行きがあることに気づかされる。別の言い方をすれば、人の表情を的確に捉えながら、その背景や周囲の環境――本章で生態系と呼んできたもの――が一枚のなかに収められているからこそ、「鬼」(＝偶然性)が入り込む余地が生まれる。『団結小屋での座り込み』も、被写体である座り込む内灘の人々の姿は画面全体の真ん中四分の一程度しか与えられていない。残りの画面下半分には砂丘の砂が、上部四分の一は団結小屋のむしろが占めていて、それ以外に左上部分に日本山妙法寺の旗と思われる断片が写り込んでいる。しかし、この見方は、あくまでも画面中央の帯状に座り込む人々の群像を中心に据えたときのものである。この写真が私たちに「ドラマティック」さを感じさせる要素は、絶え間なく広がる砂丘の砂と人々の頭上と足元に敷かれたむしろの美しさに、すなわち座り込みの現場を構成するものたちの生々しさにある。砂とむしろは、マテリアルとしては対照的でありながらもここで果たしている機能は類似する。むしろは、素材としては自然物だが人が編まなければ存在しない人工的なテクスチャー＝手仕事の記録であり、砂はここでその上を踏み締めた人々の足跡を記録する野生のメディアになっているからだ。

そして、この内灘砂丘に広がる足跡に着目していたのが、清水幾太郎だった。清水は「砂地には何百、何千、無数の足跡が残っている。村の人たちは、怒りに慄えながら、悲しみに摑まれながら、幾度となく、その砂丘を往復したのであろう」[24]と記す。そう語る清水も、「靴を脱いで跣になり、ズボンをまくり上げて、水を含んだ砂山をペタペタと上って行く」[25]一人だった。砂に加えられた人の重みが足跡として残されていく。その傍らで鉄製の砲弾が破裂する。座り込みがおこなわれていた権現森へと上れば「砂丘が広々と続き、風紋が何ともいえぬ風情で続いていた」[26]と、ある地元女性は当時を回顧する。

けれども、砂丘がどんなに美しい景色を生成する力をもっているにせよ、砂の上に直接座り込むことはできない。日中は暑く、夜は冷えるからだ。だからこそ、座り込みを始めた内灘の人々は、木とむしろを持ち寄って小屋を建てた。土門の写真では「団結小屋」と呼ばれていたが、その起源は河北潟湖畔に建てられた「船小屋」や海岸沿いにたち並んだ「漁具納屋」と考えられていて、同時代的な記述では「浜や砂丘に各部落ごとに船小屋をつくって坐りこみをやることをきめ」[27]と表現されることもあった。砂の上にむしろを敷き、雨や風、砂を避けるために藁が敷かれた小屋でひとかたまりになりながら一日を過ごす人々の姿。そこに原初的な家の形態や機能を、あるいは大海原を船で進んでいく人々の旅の姿を思い浮かべることはできるだろう。そして、ここで重要なのはむしろが生成する力である。むしろによって砂丘が闘争の場として機能し、むしろ旗によって街が抗議の場へと変わった。つまり、生活の場を闘争の場に、闘争の場を生活の場に変える力の源泉としてむしろを捉えたとき、カメラは同じ力能をもっている。日常のありふれた風景を見慣れないものにする力、日常の静態的な瞬間を歴史のダイナミズムのなかに接続する力。これこそが、本章でみてきた土門の写真の形態だった。内灘闘争という歴史的な出来事が、実はむしろや砂によって作られるような長い「歴史」によって支えられ、その「歴史」的な時間がカメラという新しいメディアによって瞬時に暴かれる。それは、人々が置かれている二つの立場の証明でもある。すなわち、座り込みながら漂流するという二重性を人々は生きているということである。土門が内灘の闘争現場ではからずも出会い記録したのは、この座り込みながら漂流する人々の姿だったのではないか。それが内灘の、否、人類の本源的な状態を示しているのではないか。出来事は常にこの座り込みながら漂流するさなかに生成される。それならば、「内灘問題」とは海と砂丘が交わる浜で、むしろでできた小屋とむしろを砂の上に敷きながら座り込み、そして漂流する人々から、その無限の場所と時間を収奪することだったのではないか。「土地は万年」とむしろ旗に刻まれた「万年の歴史」を土門は最も非ドラマティックにスナップした。それは一瞬を永遠に接続させ、永遠を一瞬に定着させるカメラの機能を最大限に生かした写真史的な出来事として存在するのだ。しかし、カメラを構えて記録する者は、世界が生成される一瞬と交差しながらも、ただちに次の出会いに向けて歩みだすほかない。土門もまた座り込みながら漂流する一人だからである。

おわりに

あらためて土門の内灘スナップ群を見返せば、そこには「歴史の一瞬」を記録したものと「一瞬の歴史」を記録したものとの混沌体であることがわかる。歴史研究は、写真に写り込んだ物と者たちの来歴とその写された瞬間がどのような状況だったのかという文脈を復元する力をもつ。しかし、その行為はともすれば永遠に広がるはずの瞬間をある線分の一点に固着してしまう。そのとき、土門の写真は、社会学者の荒瀬豊が土門の「内灘」写真を評して述べたように「ことば以前の不確かなものを無限にたたえていることによって、見つめるたびに対話を深めてくれるきっかけとなる写真[28]」として立ち現れ、私たちの歴史的想像力を漂流するほうへと解き放つ。土門の内灘作品の前で、私たちは土門が内灘で出合ったものを考えてきた。それは、永遠や反復、循環といった繰り返されるものの力であった。

最後に、内灘での土門に関するエピソードを一つ紹介しておこう。当時、京都学芸大学の学生だった富部二三枝は、大根布から向粟ヶ崎まで向かう土門に同行した経験があると語り、その土門とは莇医師のところで出会ったと振り返る[29]。「世界」に収載された土門の「内灘」を見るかぎり、土門は北から砲弾の着弾地点にあたる権現森の座り込み現場、大根布の接収反対実行委員会、そして向粟ヶ崎の試射場正門とその前に建てられた団結小屋の三点を結ぶ道すがら撮影をおこなっていた。本章で取り上げた『じゃんけん陣とり』と『内灘接収反対祈願祭』は権現森と大根布の中間にあたる黒津船で撮られ、『団結小屋での座り込み』は向粟ヶ崎で撮られたものである。そして、時系列でいえば金沢市内でのデモの様子を捉えた『内灘闘争 むしろ旗』がいちばん初めにあたる。つまり、土門はどんどんと内灘の人々の「レアリズム」に、本章で述べてきたところの生態系や「歴史」に迫っていた。

話を富部の証言に戻そう。大根布から向粟ヶ崎へと行く途中、土門は見つけた酒屋で酒を買い求め、そのまま道端に腰を下ろしては「美味そうに飲まれた姿が、目に焼き付いている」[30]という。初夏の内灘は、日差しが強い。撮り歩くことに疲れた土門も、たまらず酒を求めたということだろうか。そのとき土門は何を感じ、何を構想していたのか。土門が内灘の経験について語った文章は調べたかぎりだが見つかっていない。ただ内灘を撮った粒子が粗い写真だけが、座り込みながら漂う者たちの痕跡として残されている。

注

(1) 阿部博行『土門拳――生涯とその時代』法政大学出版局、一九九七年、岡井耀雄『土門拳の格闘――リアリズム写真から古寺巡礼への道』成甲書房、二〇〇五年、三島靖『木村伊兵衛と土門拳――写真とその生涯』平凡社、一九九五年

(2) 歴史学研究会編『五五年体制と安保闘争』(「日本同時代史」第三巻)、青木書店、一九九〇年、一二三ページ

(3) 土門拳『ドキュメント日本［1935-1967］』(「土門拳の昭和」第四巻)、小学館、一九九五年、九六ページ

（4）松本徳彦『写真家のコンタクト探検――一枚の名作はどう選ばれたか』平凡社、一九九六年、二四ページ

（5）岡本太郎／土門拳「今日の芸術」「カメラ」第四十八巻（第五号）、アルス、一九五四年、一三七ページ。以下、同記事からの引用は、本文に同記事〇〇ページと記す。

（6）土門拳「肖像写真について」『風貌』アルス、一九五三年、二〇六ページ

（7）前掲「今日の芸術」一四三ページ

（8）土門拳『こどもたち』（「土門拳の昭和」第二巻）、小学館、一九九五年、九〇ページ

（9）高原太一「米軍立川基地拡張反対運動の再検討――「流血の砂川」から多面体の歴史像へ」東京外国語大学博士論文、二〇二二年

（10）内灘闘争資料集刊行委員会／内灘闘争資料集編集委員会編『内灘闘争資料集』内灘闘争資料集刊行委員会、一九八九年、七六ページ。以下、同書からの引用は、本文に『資料集』〇〇ページと記す。

（11）福島在行「「内灘闘争」と抵抗の〈声〉」、広川禎秀／山田敬男編『戦後社会運動史論――1950年代を中心に』所収、大月書店、二〇〇六年、一四六ページ

（12）清水幾太郎「内灘の教訓――さらに新たなたたかいへ」「平和」第十九巻、日本文化人会議、一九五三年、四一ページ

（13）前掲『内灘闘争資料集』六六ページ

（14）同書一九〇ページ

（15）竹野清女「砂丘に育った私と児童」、学園評論編集部／わだつみの声編集部／祖国と学門のために編集局／反戦権利擁護常任委員会／若き戦士編集部編『内灘』所収、若き戦士編集部、一九五三年、四四ページ

(16) 同論文四四ページ
(17) 同論文四四ページ
(18) 松川洋仁「無題」、神田正雄／久保田保太郎『日本の縮図 内灘――軍事基地反対闘争の実態』所収、社会書房、一九五三年、六三ページ。以下、同作文からの引用は、本文に同作文〇〇ページと記す。
(19) 島川智江「砂丘地」、前掲『日本の縮図 内灘』所収、六二―六三ページ
(20) 土門拳「フォトジェニックということ――或る傷兵の写真について」「カメラ」第四十五巻（第六号）、アルス、一九五三年、一五七ページ
(21) 前掲『内灘闘争資料集』四二九―四三四ページ
(22) 清水幾太郎「内灘」「世界」一九五三年九月号、岩波書店、七五ページ
(23) 同論文七五ページ
(24) 同論文七五ページ
(25) 同論文七五ページ
(26) 無署名「座談会Ⅱ内灘の女性たち―①」、内灘闘争五十周年記念事業実行委員会文集発行専門委員会編『証言内灘闘争――参加者が見た想』所収、内灘闘争五十周年記念事業実行委員会、二〇〇三年、一〇一ページ
(27) 無署名「斗いの記録」、民族解放シリーズ刊行会編『怒る内灘――基地とりのけの斗いの記録』（「民族解放シリーズ」第一集）所収、民族解放シリーズ刊行会、一九五三年、二六ページ
(28) 荒瀬豊「映像との対話――ことばによる思考への挑戦」「世界」一九六二年八月号、岩波書店、二二八ページ
(29) 富部二三枝「二十歳の青春・内灘での闘い」、前掲『証言内灘闘争』所収、六三―六四ページ

(30) 同論文六四ページ

第6章

『非行少女』に描かれた内灘闘争は敗者を隠蔽する

板倉史明

はじめに

一九六〇年代から七〇年代の映画において、内灘や内灘闘争が物語世界のなかでどのように描かれてきたのか、そしてどのような役割を担っていたのかを考察する。初めて内灘が映画の主要な舞台になったのは、本章で詳しく論じる『非行少女』（監督：浦山桐郎、日活、一九六三年）である（二〇二五年三月十六日現在、日本の「Amazon」prime会員であれば無料で見ることができる）。

筆者は拙稿を書く機会をもらうまで、内灘を一度も訪れたことがなかった。本書の編者に内灘闘争の痕跡がいまも残るトーチカや砂丘などを初めて案内してもらい、ようやく具体的にイメージすることができた。さらに内灘町歴史民俗資料館・風と砂の館も訪れることができた。館が収蔵する資料を見て興味深かったのは、内灘闘争の基地推進派だった人も、また基地反対派だった人も、同じように当時の貴重な資料を館に寄贈していて、双方の立場を「町の発展に貢献した人たち」として平等に紹介していた点だった。

なぜそのような展示形態になったのか。それは内灘闘争によって、基地推進派だったグループも、基地反対派だったグループもともに、内灘の発展に貢献してきたと自負しているからである。基地推進派は国との土地の補償交渉を当初提示された額よりも有利に進めたことで内灘地域を経済的に潤すことができたため、結果的に自らの基地推進運動の成果を誇りとともに語ることができる。それは基地建設反対派も同様だ。土地の接収を始めた当初の日本政府は、内灘の土地を永久に接収して発射基地に使用する計画だったが、交渉の末、最終的に接収期間がわずか五年間に短縮されたことは、まさに基地建設反対運動の「勝利」だった。確かに基地反対派は基地の設置を許してしまったものの、その滞在年数をわずかなものにしたという自負をもっているため、基地推進派と同様に内灘闘争を誇りとともに思い出すことができるのである。

終結した一九五〇年代末から六十年以上経過した現在の視点から内灘闘争の歴史を振り返ると、「政府との闘争によって内灘コミュニティーの結束が高まった」という直線的でシンプルな物語がこれまで普及してきたことは理解できるし、また現在の内灘住民たちがそれを望んでいることも十分想像できる。

しかし、そのような「シンプルな物語」はもしかすると基地闘争に勝った者たちによる一方的な考えであり、願望でありつづけてきたのかもしれない。基地反対派と基地推進派が内灘のコミュニティー内で対立しているときに、どちらの派にも属することができなかった人たち、そしてそのためにコミュニティー内で疎外され、結果的に内灘から離れざるをえなかった人たちも数多くいたのである。しかし、そのような内灘コミュニティーのなかで立場が弱かった人たちが自分たちの声や証言を残すことはまれであり、コミュニティーから脱落していった人たちのことをあえて話題にすることはなく、タブー視してきたのではないだろうか。「敗者は映像を持つことができない」という名言を残したのは映画監督・大島渚だが、内灘の内紛で負けた人たちの映像はおろか、証言記録さえ地元に残ることはほとんどなかったといってもいい。

しかし一九五〇年代末から六〇年代前半の、まだ内灘闘争の補償金問題が完全に解決していない時代の各種メディアに目を向けると、わずかではあるが、内灘のコミュニティーから排除されつつあった人々の存在を確認することができる。現在の内灘闘争に関する議論で忘却の彼方に追いやられてしまった人たちとは、補償問題の交渉のなかで補償金をもらうことができなかった一部の住民であり、あるいは補償金を十分に支給されずにやむをえず生活のために故郷の内灘を出ていかなければならなかった声なき「敗者」たちである。

いまとなっては記録を見つけることさえ難しい「敗者」の生きざまは、実は一九六三年の映画『非行少女』の撮影前に執筆された映画シナリオには確かに記録されていた。しかし撮影プロセスのなかでそのせりふがなぜか抹消されてしまい、映画が完成したときにはそれらの「敗者」の描写はぼかされてしまい、曖昧にしか観客に理解できないように改変されてしまった。本章では、その映画製作のなかで「敗者」の存在がかき消されていくプロセスを、映画完成前に発表されたシナリオと、完成した映画作品とを比較することによって明らかにする。

具体的な比較作業に入る前に、次節ではまず映画『非行少女』の製作プロセスや映画史上の位置づけを概説することで、物語理解への補助線を引いておこう。

1 映画『非行少女』の企画から完成まで

映画『非行少女』は作家・森山啓による短篇小説『三郎と若枝』（「別冊 小説新潮」一九六二年七月号、

新潮社）を映画化した作品である。監督の浦山桐郎と、大島渚作品の脚本を多く担当した石堂淑朗《としろう》が共同で、原作をベースにしながらも内灘闘争の歴史をプロットのなかに独自に組み込んだ物語に改変している。つまり原作小説には内灘闘争のエピソードが暗示されることすらなく、内灘闘争の歴史と記憶を映画に盛り込んだのは監督と脚本家の独創だった。監督を担当した浦山桐郎は『非行少女』が二作目にあたる。なお浦山の監督デビュー作は吉永小百合のヒット作『キューポラのある街』（一九六二年）で、新人監督として注目されていた。

原作小説が発表された四カ月後の一九六二年十一月に撮影が始まったものの、「製作スケジュール」の都合で六二年十二月から翌年一月にかけて撮影が一度中断した。実際は、十一月に金沢ロケを開始したものの、浦山の師匠である今村昌平に強くダメ出しをされてしまい、脚本を大きく改訂しなければならなかったのが理由のようだ。(1) いちばん大きな変更は、若枝（和泉雅子）の父が後半で自殺する場面であり、すでに撮影まで完了していたが、今村の強い反対で改変されたという。二月に撮影が再開され、結局『非行少女』は六三年三月十七日に全国で封切られた。

『非行少女』が公開されると、映画批評家から高い評価を得た。芸術的な価値が評価の対象になる「キネマ旬報」ベストテンでその年の第十位にランクインしたほか、同年の第三回モスクワ映画祭にも出品され、グランプリに次ぐ金賞を受賞した。浦山は、ソ連映画の専門家で映画批評家の山田和夫とともにモスクワ映画祭の式典に出席し、その後三カ月にわたりヨーロッパを視察旅行した。(2) このように『非行少女』は国内外の映画祭で受賞したことで、浦山は長篇デビューからわずか二作目で新進気鋭の若手監督として注目されたのである。

撮影時のエピソードとしては、基地建設推進派の大邸宅の庭に大きな鶏小屋のセットが建設され、それが映画の演出として失火して全焼してしまう場面があるのだが、原作小説には存在しない（五十分から五十四分）。鶏小屋のセットには、本物の鶏たちを鶏舎のなかにたくさん入れたうえで実際に火が付けられたという（実際、火だるまでもがき苦しんで走り回る鶏の様子が画面に映り込んでいる）。案の定、映画公開後に日本動物愛護協会から日活に抗議書が届いたという。なお、この鶏が焼死する場面には、モスクワ映画祭で上映されたときにも非難の声が上がったという。[3] このように残酷性が高くなるだろうことを想定しながら、浦山はこのショットを意図的に撮影したのではないだろうか。なぜなら後述するように、映画化にあたり新たに設置されたこの鶏小屋というセットは、物語のなかで最も象徴的な意味を含んでいるからだ。批評家や観客からある程度の批判を受けてでも、鶏小屋の火事場面は本作に必要不可欠なイメージとして意図的に撮影したのだろう。

また、ラスト近くで、三郎（浜田光夫）が大阪へ出稼ぎにいく若枝を引き留めようとして金沢駅の食堂で長時間説得する場面がある。若者同士が誠実さをぶつけ合いながら自分たちの将来を議論するこの場面は、実際の金沢駅構内でロケーション撮影されたのではなく（改札付近のショットは実際のロケーション撮影だが）、スタジオのセットで再現し、撮影完了までに一週間もかかったといわれている。三郎と若枝をフレーム前景に置き、フレーム背景にはその二人の会話をそれとなく気にしながら聞いている警察官や女学生、家族連れなどとの対比（つまり内灘闘争の補償の〝勝ち組〟を象徴するグループから取り囲まれているとも解釈できる）を、奥行きを生かしたカメラワークで効果的に表現していて、二人の孤立感を強調している野心的なショットである（のちに一九七〇年代のブライアン・デ・パルマが得意とした回転するカメラワークをほうふつとさせる実験的なロングテイク〔長回し撮影〕だ)。また、若枝が過ごす養護施設は、実際に当時運営されていた養護施設でロケ撮影され、そこに収容されていた少女たちも出演しているという(4)。

そのほかにも浦山のこだわりの演出は随所にちりばめられている。若枝が集めている宝物を廃墟となったアメリカ軍弾薬庫の地面に掘った穴に隠して大切にしているという演出や、その穴の隣には砂にまみれたボート(という小道具)が置かれている点も、若枝が不幸な境遇から抜け出したい気持ちを小道具で象徴的に描いている。また、若枝が働いていたバーで盗んだハイヒールも重要な小道具として登場する。ラストで若枝が大阪で真面目に働くことを決意したあと、電車が陸橋の上を通過したときに若枝がハイヒールを橋の上から川に投げ捨てるというアクションも、過去のすさんだ生活からの決別を小道具によって象徴的に表現している。また雪が降るなか、ガラス戸越しに若枝と三郎がぎこちなくキスをする場面も、決して直接的に二人がキスをしているわけではない。これは、売り出し中の若手スターにおこなうことができる当時のぎりぎりの描写を狙った巧みな演出だ。

論点を内灘の表象により絞っていこう。内灘闘争の内容がまったく含まれていなかった原作小説だが、監督と脚本家はどのように内灘の要素を組み込んだのか、また映画製作の途中で今村昌平の強い指導を受けて、若枝の父親が自殺するという原作に存在したプロットを削除した理由を明確にしたい。

原作小説では若枝の父・長吉が貧困のために田舎《いなか》の療養所で生活せざるをえなくなる。療養所でさらに長吉の体調は悪化し、未来に希望をもてなくなった長吉は物語の後半で自殺する。原作どおりにその場面は撮影された。しかし浦山の師匠だった今村から「父親は自殺させないほうが良い」というアドバイスを受け、「高齢者ホーム」に引き取られて生き延びる意志をみせるように改変され、その改訂された脚本が「映画評論」一九六三年一月号に掲載された。さらに撮影中には、浦山が毎日深夜に脚本を改訂して撮影に臨んだため、完成した映画の物語は、「映画評論」に掲載されたバージョンからさらに変更を加えられている部分が多い。ラストシーンで三郎と若枝が電車のなかで最後の別れの言葉を交わすとき、もともと掲載されたシナリオに存在しなかった三郎のせりふ「戦争がはじまりそうになったら、〔若枝のところへ〕飛んで行ってやるからな」も、撮影中に加えられたものである。(5)

ロケーション場所として使われたのは、内灘海岸のアメリカ軍弾薬庫の跡地である（映画で使われた弾薬庫はその後、一九七八年六月に安全上の理由から破壊された）。弾薬庫跡地の内壁には内灘闘争時に実際に基地反対派によって描かれた力強いスローガンとともに、「戦い 破る」という敗北時の文字も描かれている（九分四十二秒）。撮影現場を見学していた原一男の回想によると、当時実際に弾薬庫の壁に描かれていた文字をそのまま撮影したのであって、撮影スタッフが演出効果のために書き足したものではないと明言している。(6)

2 補償金に関するシナリオの変更点

ここから「映画評論」に掲載された『非行少女』のシナリオと、(7)一九六三年三月十七日に全国で封切られた完成映画のあいだで、せりふが異なっている部分に注目してみよう。

主人公の青年・三郎には、兄の太郎（小池朝雄）がいて、太郎は内灘闘争時に基地建設推進派として活動した。一方、弟の三郎は基地建設反対派として活動した。一つの家庭のなかで内灘闘争に対する立場が異なったために、家族関係が悪化することは現実でもよくあったという。

内灘基地に関連する補償問題のなかで、当時の内灘住民は、以下の三つのグループに分かれていたと思われる。

①基地建設推進派で、補償金を支給された人
②基地建設反対派だが、補償金を支給された人
③基地建設反対派であり、補償金を支給されなかった人

この三つの分類が実際に存在したことを推測できる三郎と太郎のせりふが、「映画評論」のシナリオに掲載されている。

三郎「母ちゃん、あてつけんでもええ・・しかし家や中村さん所は例の基地さわぎで、まアまとまった補償金が入ってヒモの立場やニワトリに転換できたからええ方や、松ちゃんや若枝の家はそれもなかったさけに、乞食同様の日ヤトイしとるわ」

太郎「何を云うとるがや。網元と店子《たなこ》じゃ。仕方ねえやろ(8)」

このせりふには、土地をもっている世帯は基地への提供によって補償金がもらえてさまざまなモノを購入することができたが、土地をもたない借家人は補償金をもらえなかったことが暗示されている。しかしこのせりふは、完成した映画では削除されて以下のように改変されている。

三郎「母ちゃん、あてつけんでもいいがいや。俺は別に働かんつもりはないがや。なにをしていいかそれがわからんのや、考え方がちがうんじゃい(9)」

シナリオ段階に存在したにもかかわらず完成した映画作品では削除された要素の一つは、補償金をもらえた人ともらえなかった人が存在したという事実である。シナリオ段階での三郎のせりふは、内灘の共同体での多様で複雑な権力関係が浮かび上がるもので、補償金の問題で内灘に貧富の差が生まれてしまったという重要な指摘をしている。しかし撮影中に改変された三郎のせりふでは、あくまでお金がないのは自分の意思の問題であり、三郎自身が働かないからだ、という個人の問題に置き換えられてしまっている。

つまりシナリオ段階の三郎のせりふで強調されているのは、単に基地建設に賛成したか反対したかという立場の違いだけでなく、内灘町の歴史の共同体のなかでの土地をもつ者（網元）ともたざる者（店子）の身分の差異であり、内灘コミュニティー内部の身分的な亀裂だった。それが三郎のせりふの変更によって、補償金をもらえなかったために働かざるをえない人々が存在するという現実社会の生々しい身分格差を暗示することがなくなり、三郎という一個人の人生の悩みや就労意欲という個人の問題に格下げされてしまったのだ。

このせりふの変化によって、内灘コミュニティー内の複雑な権力構造が全国の映画観客に見えなくなってしまい、なぜ若枝の父が内灘のコミュニティーから排除され、ばかにされ、最終的にはほかの地域へ逃亡し、貧乏な生活を送らなければならなかったのか、その理由や要因が曖昧になってしまったといえる。

映画が製作された一九六三年当時の内灘地域で生活していた「勝ち組」の人々にとって、この内灘コミュニティー内部に存在していた生々しい亀裂は映画のなかで描いてほしくなかっただろう。映画『非行少女』で若枝の父・長吉が置かれた状況をあらためて確認してみよう。長吉は、自身が浮気したショックで妻が亡くなってしまったあとも、若枝が家にいるにもかかわらず新しい女性を家に連れ込んでくるような遊び人である。しかも家は貧乏で、若枝の学費や給食費もろくに払うことができない状況が描かれる。

シナリオ段階では、長吉が三郎の兄・沢田太郎に不満を述べるせりふが存在したが、これも完成した映画版では削除されている。以下のせりふはシナリオには存在したにもかかわらず、完成した映画では削除されてしまった部分である。

長吉「沢田〔太郎〕さんよ。わしはな、あんたが補償金目当てに仲間割れした時から一辺は言うてやろうと思うとったがやけんど。貧乏人をあまりだらにするなちうてんな。議員になるお目当てはわかっとるがい。どうせ村の有力者に金がでかと廻るよう、わしらに一文も回らぬように

工作することはわかっとるんだ、へつ」（シナリオ・シーン四十三[10]）

ここでもやはり補償金の分配をめぐって一部の裕福な者たちだけにお金が流れるように工作がおこなわれていることが示唆されていて、内灘コミュニティー内に日本政府からの金の支給をめぐる大きな亀裂が入ったことが暗示されている。しかし繰り返しになるが、前記のせりふがなぜか撮影中に削除され、完成した映画作品では消えているのである。

このことを考えると、一九六二年末に一度撮影がスタートしたにもかかわらず製作が一時中断してしまった理由は、内灘コミュニティー内部の補償金にまつわる複雑な対立構造を描くことに対する不満や懸念に配慮するためだったと推測することも可能だろう。

先ほど紹介した三郎のせりふをより深く解釈してみよう。「中村さん所は例の基地さわぎで、まアまとまった補償金が入ってヒモの立場やニワトリに転換できたからええ方」だ、という三郎のせりふは映画ではカットされたが、映画のなかで鶏小屋が火事になる場面の象徴的な意味を考えるうえで、きわめて重要である。つまり鶏小屋は、基地建設推進派だけが莫大な補償金を受け取ることで自宅の庭に設置することができた地域の重要なインフラである。つまり、勝ち組の物質的な裕福さを巨大なセットで象徴的に観客に提示できる要素である。一方、若枝の父・長吉は、基地建設反対運動に従事し、しかも土地をもたない店子だったため補償金ももらえず、貧困のため内灘では生活できなくなってしまい、娘の若枝は窃盗をして不良になって生き延びるしかすべはない。

つまり若枝がぼんやりと放心状態で鶏小屋のなかに入り、ローソクの火で手紙を燃やしているとワラに引火してしまい、鶏小屋を全焼させてしまうという本作で最もスペクタキュラーな場面は、内灘闘争によってコミュニティーから排除された人々の反抗や怒りを象徴的に（映像的に）表現するために必要不可欠だったといえる（繰り返すが原作小説に鶏小屋の場面は登場しない）。現在では動物愛護の観点からこのように動物を虐待する演出は不可能だが、当時の監督の浦山桐郎にとって、鶏が生きたまま殺される映像は、内灘闘争で分断状態に陥らざるをえず、町を出て集団就職で内灘を出るか（三郎）、窃盗をして更生施設に隔離されるか（若枝）、内灘から追い出されて働き口を見つけるしかなかった（若枝の父）者たちの怒りと焦燥が、真っ赤な炎として映像的に表現された重要な場面だったのだ。

おわりに

最初の問いに戻ろう。なぜ若枝の父・長吉は、今村昌平の指示によって、物語世界のなかで人生に疲れて自殺せず、生き延びることに改変されたのだろうか。今村の弟子である浦山桐郎は、今村が得意とした汚い世界のなかでしぶとくポジティブに生きていくキャラクターを意識的に継承しようとして、シナリオの変更をおこなったのではないか。本作では三人の主人公全員が「敗者」である。兄の太郎の打算に満ちた生き方に嫌気が差して一度は集団就職するも再び内灘に戻ってきた三郎、土地をもたないため貧困にあえぎ内灘コミュニティーから追い出された父の長吉、貧困と差別のために不良になってしまう長吉の娘・若枝。監督はこれら三人の「敗者」に未来への希望を託すために、ラストシーンを三郎と若枝が未来への希望と愛情を誓い合う感動的な場面で締めくくったのだ。

『非行少女』はあくまで三郎と若枝を主人公にした恋愛プロットの映画作品なので、ジャンルとしては青春映画だが、同時に一九五〇年代から六〇年代初頭の内灘コミュニティーのいびつな権力関係と社会構造を生々しく描こうと試みた稀有な社会派作品だったともいえるだろう。そのような特徴は、完成した映画作品だけを見るとそれほど明確に見えてこないが、本章で分析したように、製作途中で雑誌に発表されたシナリオと完成映画を比較することによってはじめて浮かび上がってくる。語ることが難しくなりタブー視されている歴史は、本章で論じた内灘闘争以外にもあるはずだ。『非行少女』は、そのタブー視され語ることへの抑圧が生まれる直前の流動的な言説が存在した時期の痕跡を映像として記録した作品として貴重である。(11)

注

(1) 原一男編『インタビュードキュメンタリー 映画に憑かれて浦山桐郎』現代書館、一九九八年、一二一――一二二ページ

(2) 田山力哉『夏草の道――小説 浦山桐郎』講談社、一九九三年。当時、田山はＮＨＫのディレクターであり、映画『非行少女』の製作時に浦山にインタビューしている。

(3) 同書二一七ページ

(4) 前掲『インタビュードキュメンタリー 映画に憑かれて浦山桐郎』二三八ページ

(5) 同書一一〇ページ

(6) 同書一一〇ページ

(7) 石堂淑朗/浦山桐郎「『非行少女』シナリオ」「映画評論」一九六三年一月号、映画出版社、一三二―一六二ページ
(8) 同記事一三八ページ
(9) 同記事一三八ページ
(10) 同記事一四〇ページ
(11) 内灘コミュニティーにおける格差の問題は、実は一九六一年に放送されたNHKドキュメンタリー番組『傷ついた村』(〔日本の素顔163〕、NHK、一九六一年四月三十日)でも明確に追及されている。この番組では、補償金をもらうかもらわないかで、大きな経済的変化が生まれることを強調している。

参考文献

石堂淑朗/浦山桐郎「『非行少女』シナリオ」「映画評論」一九六三年一月号、新映画、一三二―一六二ページ
キネマ旬報社編『世界の映画作家8 今村昌平・浦山桐郎』キネマ旬報社、一九七三年
田山力哉『夏草の道――小説 浦山桐郎』講談社、一九九三年。当時、田山はNHKのディレクターであり、映画『非行少女』の製作時に浦山にインタビューしている。
原一男編『インタビュードキュメンタリー 映画に憑かれて浦山桐郎』現代書館、一九九八年

[謝辞] 本章を執筆するために確認したのは、映画とNHKで過去に放送された内灘闘争に関する番組である。NHK研究利用トライアルの制度を活用した。記して感謝を申し上げる。

第7章

短歌での「叙事詩」の可能性

——歌集『内灘』の〈風〉と〈砂〉の歌に着目して

井上法子

1 目的

試射場に砲とどろけど揚げひばり空に没《い》りしは声揚《あ》げてゐむ　（一一ページ）

これは芦田高子の歌集『内灘』(1)の巻頭歌である。「試射場に砲とどろけど」という初句から二句目にかけて、いわば歌集のプロローグで、非常にショッキングな光景が提示されている。「砲」が「とどろ」く音とともに、何かが撃ち落とされるイメージさえ抱くかもしれない。

そこへ突如、逆説を伴って現れる一羽の「揚げひばり」。二句目までのイメージから一転して、その「空」の高いところから悠々と鳴き声を「揚げ」る鳥の動的なイメージが指し示されている。

しかし、語り手はその様子を「空に没りしは」と言い表している。「何かが撃ち落とされるイメージ」から転じて、三句目では「空」に浮かぶ鳥のイメージを捉えたというのに、そこから歌の情景が再び覆されてしまう。反転に次ぐ反転によって、まるで二度、天と地が真っ逆さまに陥るような感覚を覚えるだろう。

さらにこの一首は、実は放たれた「砲」や空の「揚げひばり」の姿をはっきりと描いてはいない。作中に響く「砲」音や「揚げひばり」の鳴き声だけが耳に届くのである。

加えて、この歌の語り手や「揚げひばり」、そして作中のまなざしをつかさどる〈われ〉などの登場キャラクターたちの感情は、まったく見えてこない。語り手はそういった「抒情」を排し、淡々と語るだけである。

そのような異様な光景を差し出された私たちは、想像せずにはいられない。ここで、これから先、いったい何が起こるのだろう、と。

本章は、芦田高子の『内灘』で、歌、つまりテキストそのものと対峙することで、歌を通して「起こっていること」を読み解いていく。ここでは単なる史実の再確認としてではなく、歌に書かれていることを重要視する。そして高子がこの歌集で、また内灘闘争を題材に短歌を作ることによって、いったい何をしようとしたのか、ということについても考えていく。ここでのもう一つの目的は、『内灘』という歌集を通して、短歌という詩型を逆照射することにある。

2 『内灘』について

芦田高子の経歴

芦田高子は一九〇七年十月、岡山の小作農の次女として生まれる。尋常小学校高等科の卒業後は、同年設立された高等女学校の二年に編入し、さらに上級学校へ進学している。当時、田舎《いなか》から高等女学校に進むことはまれで、高子の村では女性として初めてのことだったという。

明治が男の活躍する時代とするならば、大正はやっと女性が活躍できるようになった時代でもある。女教師、女医、婦人記者など男の職場の領域に女性も進出を始めていた。明治末期に出現する平塚らいてう、与謝野晶子、伊藤野枝らによる夫人月刊誌「青鞜」の発刊、岡山出身の景山英子の女性解放運動など、女性の意識改革による影響であった。

また明治期に良妻賢母の養成を目的として開設された高等女学校も、女性の社会進出の要請を受け、女子教育の質の向上を図るようになっていく。

そんな時代のなかで高子はひたすら文学に憧れた。十八歳で親の反対を押し切って大阪に飛び出した。

小作農の実家からの仕送りを期待するのは難しく、子守や物売りをして学資を貯め、昭和二年(一九二七)、憧れの「梅光女子専門学校(現梅光女子大学)」国文科に入学する。(2)

卒業後は婦女世界社の編集部に入社し、恋愛結婚後、医師になった夫の開業に伴って能登に移り住んだ。一九四七年には「新歌人」(新歌人社)を創刊する。しかし、執筆に理解がない夫をはじめとする嫁ぎ先に苦しめられ、五一年には離婚して芦田姓に戻っている。これは「北陸の女性として初の調停離婚」だったという。

同年に第一歌集『流檜』(新興出版社)を刊行、そして一九五四年、アメリカ軍試射場の土地接収反対闘争を詠った第二歌集『内灘』を刊行する。

これまでの『内灘』評

刊行当時の『内灘』に対する評としては、以下のようなものが挙げられる。

渡邊順三は、信夫澄子の「民衆短歌のあゆみ」[3]の文章内の言葉を引きながら、『内灘』を「民衆短歌」のなかでも「日本の短歌史上、記録されねばならないもの」の一つとして挙げ[4]、蔵原惟人は、「歌集『内灘』は、芦田高子が内灘の闘争に身をもって参加した記録的な作品であるが、これをテーマとして五百七十首の大作をつくったということは、歌壇空前のこととして注目される」[5]と、その重要性を説いている。

そして小田切秀雄は「わたしは近藤芳美や大野誠夫や芦田高子たちに期待を寄せている」[6]と、「未来」を創刊した近藤芳美や、戦後派として活躍した大野誠夫と並列に高子の名を挙げ、さらに「国木田独歩と石川啄木」で、独歩の『武蔵野』を例に挙げながら、次のように論じている。

日本人がそこで生活している日本の国土の風物について、日本近代の文学者は例外的にしか深い関心を向けることなく、大都会での文壇生活に固着してきたのであった。いま、武蔵野だけでなく、いたるところ日本の国土はアメリカの軍事基地とそれに伴う植民地的人間関係の網の目にとらわれ、海や空さえうばわれて、日本の風物はすでに日本人の風物ではなくなった。(略)――まさにこのことによってわたしたちは、日本の国土と風物にたいする新しい眼と感受性を、愛着を、自覚しはじめないではいられなかった。かつての戦争下の超国家主義的・奴隷的な国土讃美や郷土愛、それらの、手のこんだ理論化としての和辻哲郎的「風土」観、また感傷的ないし行きずりの紀行文的な感興、等々でなく、日本の国民がそのなかで生きているところの国土と風物とにたいする新しい関心であり、軍事的に縛られた国土を国民自らの平和な手にとりもどそうとするねがいによって生気づけられた愛着である。このような関心や愛着をうちに深くひそめた感受性と描写力とが、日本の国土とその風物を文学作品のなかにさまざまな形で描きだすことはこんにちの必要の一つであろう。杉浦明平の『基地六五〇号』や芦田高子の歌集『内灘』等の自然描写は、多少の問題はあるがこうした方向と深くあいかかわっている。これは直接の軍事基地だけでなくさらに農村・山村・都市等のあらゆる面にわたって進められることが必要であり可能である。(7)

つまり、小田切は戦後の日本で、「国土と風物にたいする新しい眼と感受性を、愛着を、自覚しはじめ」たものとして、「戦争下の超国家主義的・奴隷的な国土讃美や郷土愛」「和辻哲郎的「風土」観、また感傷的ないし行きずりの紀行文的な感興、等々」を否定し、「軍事的に縛られた国土を国民自らの平和な手にとりもどそうとするねがいによって生気づけられた愛着」の一例として、高子の『内灘』のような文学作品の必要性を評価していたようだ。

ただし、杉浦明平は「ヒロシマの短歌と俳句」で、『内灘』での「抒情」について、次のように否定的な意見を述べている。

『内灘』は芦田高子の個人の歌集であった。かの女は専門作家であって技術的にはかなり高いものをもっており、しかもこの歌集の中でそれをさらに高いものにしかけている。にもかかわらず、『広島』のような広くゆたかで複雑なひびきをもたず、ともすると大衆の感情からかけはなれたところでキイキイと声を立てるといううらみもなくはないのである。一つの事件を共有体験した幾万の人々の声はそのようにはならない。短歌や俳句が国民の文学であるためには、芦田のようなこころみも貴重であるけれど、(略)『広島』のような抒情をば母なる大地の声としてその上ににじぶんを成長させることがぜひとも必要であろう。(8)

また窪川鶴次郎は「短歌の将来」で、歌人以外の作家や批評家たちに対して、無記名の短歌作品群の人気投票をおこない、それぞれの評を掲載している。いわば第二芸術論を踏襲したものである。そこでは『内灘』の作品について、伊藤信吉が「この抒情は、現代人としての生活意識批評的精神が流れている(略)つまり感傷そのものが、ここでは批評になっている」と高く評価している一方で、佐々木基一は「もっと奥深いところから歌が出てこないものでしょうか」と、やや批判的に述べている。(9)『内灘』は、内灘闘争というただ一つのテーマのもとで一冊の歌集の編まれたことが「歌壇空前のこととして注目」され、それは敗戦後の日本人としての感受性や、「新しい」愛着のもとで、文学作品としての必要性を評価されてきた。一方で、「大衆の感情」からかけはなれた「個人の」記述であるとされ、「奥深いところ」から発せられる、人々の心に訴えかけるような「『広島』のような抒情」には至っていないということを、批判的に指摘されているようである。

しかし、「現代人としての生活意識批評的精神が流れている」として、『内灘』の「抒情」を評価する声もあった。例えば『内灘』の推薦文には、清水幾太郎が「喚いてみても、泣いてみても、それで表現し尽せぬ私の怒りと悲しみ、それが芦田高子の歌によつて鋭く且つ深く表現されているではないか。いや、彼女の歌を通して、私の怒りと悲しみも本物になつたようにさえ思う」(二四五ページ)と寄せている。従来のものとはまったく異なる「抒情」がそこにある、と評しているのだ。

そして、これらの『内灘』評と、当時の歌壇の状況は一般につながっている。

当時の歌壇の状況

『新体詩抄』の序文に始まり、短歌という詩型は、繰り返し滅亡を唱えられてきた。『内灘』が刊行された一九五四年九月当時もまた、戦時下の歌人たちの体制翼賛的な態度が批判され、立て続けに短歌否定論が唱えられていた時期を経て、歌人たちがそれぞれにその答えを模索し、行動に移していた時期でもあった。

当時唱えられた主な否定論として、小田切秀雄の「歌の条件」(一九四六年)、臼井吉見の「短歌への訣別」(一九四六年)、桑原武夫の「第二芸術」(一九四六年)、「短歌の運命」(一九四七年)、小野十三郎の「奴隷の韻律」(一九四八年)が挙げられる。[10]

このうち、臼井吉見は内灘闘争のルポルタージュ「内灘」を「改造」一九五三年八月号(改造社)に発表していて、また先に引用した評論に加えて、小田切は歌集『内灘』を「激励」した人物として、「あとがき」[11]にその名を確認することができる。

つまり、短歌否定論を唱えた主な批評家のうち、一人が内灘闘争そのものと好意的な関わり合いを示し、一人が高子や『内灘』を「激励」していたのである。例えば臼井吉見は「短歌への訣別」で、戦時下の日本人の客観的な自己認識や批判精神の欠如を指摘し、戦争を支えた民族的性格を批判した。小田切の主張とも通じるものである、「日本人としての戦後の言語空間」に対する問いかけをおこなったとされる。それらに応対する可能性を感じさせるものとして、彼らは内灘闘争や『内灘』を評価していたのではないだろうか。

では実際に、歌集『内灘』の作品と向き合っていこう。そこでは主に、この歌集で数多く詠み込まれていて、内灘地域の特徴的なモチーフである〈風〉と〈砂〉の歌に注目する。

3　『内灘』読解

『内灘』は、次のような構成でまとめられている。

高子は『内灘』を三部に分けて構成している。

第一部は理不尽な権力に抵抗する人々の姿を表す「たたかひ」三百二十五首。第二部は暴力にかき乱される前の、日本海と河北潟の織り成す村の歴史と美しい風景を称える「夢煙る村」百二十首。第三部は、暴虐の前に分断される民衆への哀歌と、かすかな光に希望を見出そうとする「秋逝く

浜」百四十六首。それぞれの部に項目が設けられ、連作によって展開する。まるで長編小説のような構成である。(12)

冒頭でふれた巻頭歌「試射場に砲とどろけど」ののち、歌集で最初の連作の一首目に置かれているのは、〈風〉と〈砂〉の両方が詠われている次の歌だ。

この浜を死守すると砂に坐す道に乱れ揺れつつ小判草咲く　（一七ページ）

「この浜を死守する」という強い意志をもつ人のそばで、「小判草」という植物が乱れ揺れながら咲いている。上の句「この浜を死守すると砂に坐す道に」を定型に沿って句切れを表すと、

この浜を／死守すると砂に／坐す道に

と、二句目が一字の字余りになり、ゆるやかな破調が用いられているのがわかる。あるいは意味の切れ目に沿ってみると、

この浜を／死守すると／砂に／坐す道に

と、五・五・三・五の耳慣れないリズムで句切られる。この破調によって生じる韻律の効果は、「砂に」というフレーズが奇妙に浮いてみえる、というものだろう。そして浜や地ではなく「砂に」「座り込む」や「坐る」ではなく「坐す」（ZA-SU）という表現を選択することによって、まるでじかに砂に触れたときのような感覚を呼び起こすのである。

この歌のなかに〈風〉という言葉そのものは詠み込まれていないものの、下の句に「乱れ揺れつつ」咲く「小判草」があることから、海から強い〈風〉が吹いている様子を思い浮かべることができるだろう。それもただの〈風〉ではなく強風だと推測したのは、海風であることに加えて、「小判草」にも仕掛けがあるからだ。それは先端にやや膨らんだ楕円形の小穂を実らせるイネ科の植物で、重みで茎の先は垂れ下がっている。質量がある「小判草」を「乱れ揺」らすには、ただの風ではきっと力不足だろう。

この海からの〈風〉は追い風だろうか、あるいは向かい風だろうか、ここでは明らかにされていない。追い風の場合には「この浜を死守する」という人々の強い意志を後押しするようであり、向かい風の場合には「砂に坐す」人々に当たる強風という情景を導くことによって、その容易でなさを体現するかのようだ。ここで両方の読み方ができるのは、語り手が感情をあらわにしていないことも一因だろう。いわば、語り手は徹底して「叙事」に努めているのである。

そして上の句の「砂に坐す」人々の姿から海へと、そしてそこから吹く〈風〉に乱れ揺れる「小判草」へと、ゆるやかに視界が移り変わっていることに気がつく。そこでは人々から海風を通って小判草へと、実は大胆に視界が展開されているのである。

この歌に続いて〈風〉が現れるのは、それぞれ十首を隔てて配置されている次の二首である。

美しきアカシヤの樹林ま二つに断ちてひるがへすかの星条旗　（二〇ページ）
死守すると坐す人のまへ重く揺れて筵旗は旗のごとはためかず　（二四ページ）

「ひるがへ」る「星条旗」の情景ははじめ、「美しきアカシヤの樹林」に危害を加えるものとして、軽やかで暴力的なきらめきをたたえている。これは「星」という言葉からの連想の効果もあるだろう。「死守すると」の歌では、「筵旗」という粗雑な旗が、「坐す人のまへ」に「重く揺れ」て、「旗のごとはためか」ないという、対照的な構造になっている。この「旗」は派手に翻る「星条旗」の情景を暗に示唆することで、先の「星条旗」の軽やかさは「筵旗」が重く揺れるイメージと対比される。ここでは似たモチーフを対比的に用いることで、それぞれのイメージをより鮮明に想起させているのだ。

さらに、連作で隣り合う次の二首、

誰も誰も基地反対にはやりつつ六月の陽の容赦なき耀《て》り　（二〇ページ）
内灘を終のたたかひの場としつつ寄り来るひとら眼《まみ》かがやけり　（二一ページ）

では、どちらも三句目に「つつ」を挟んで、上の句と下の句がつなげられている。「誰も誰も基地反対に」の下の句の太陽の「耀り」は、「内灘を終のたたかひの」の歌の下の句では人々の眼の「かがや」きへと、その最も光度が高い部分を推移している。先の歌の「耀り」を受けて、あとの歌は、命の最後のきらめきを詠ったようなその一首が単体であるときよりも、一層かがやきを増すようである。言葉同士が作用し合うことで、情景に鮮明な色彩が加わるのだ。

そして、巻頭の次に現れる〈砂〉の歌、

鉄板の道ふみ鳴らすデモ隊の行進見えて砂ほこり捲く（二〇ページ）

では、先の「砂に坐す」座り込みの光景から、ここでは「行進」の様子が詠われている。「砂ほこり」という言葉が用いられていることから、そこからははっきりとは捉えられない「デモ隊」の、激しい「行進」の足元の様子を思い浮かべることができるだろう。

「鉄板の道」を「ふみ鳴らす」金属音とともに、「死守する」べくじっと「坐」していた空間から、「砂」は「砂ほこり」へと、「ひとら」は「デモ隊」へと姿を変えていく。同じモチーフを用いながらも、それらは物語の流れに沿って、ゆるやかに変身していく。

このような同様のモチーフの変身について、例えば「小判草」に着目する。

この浜を死守すると砂に坐す道に乱れ揺れつつ小判草咲く（一七ページ）
小判草抜きて持ちしが拍手するたびにゆらめき優しかりけり（四〇ページ）
デモ隊にスクラム組めば小判草胸ポケットに荒くさ揺らぐ（四七ページ）
小判草もペンも捨てたる双の手にスクラム組みてゆふべとなりぬ（五〇ページ）

流木を運べるひるを小判草葉も穂もなきが道ばたに朽つ　（一〇一ページ）

引用一首目では地に咲いていた小判草が、二首目では抜かれて人の手にあり、三首目では「スクラム」を組む「デモ隊」の胸元で揺れ、四・五首目では、衝突ののちに朽ち果てている。物語の時間の流れに寄り添うように、その植物としての役割も少しずつ変化／変身しているのがわかるだろう。

加えて、この歌集では〈鳥〉がしばしば登場する。巻頭歌の「揚げひばり」に加えて、以下のようなものが挙げられる。

基地反対に闘ふ村の昼あかるく晴れわたりひくき郭公のこゑ　（一九ページ）

デモ迎ふわれが聞きゐし郭公のインターのなかに消されたるこゑ　（六四ページ）

焦《い》ら焦らと陽耀《て》る内灘の海しづか盗られむ浜に鳥影のなく　（八二ページ）

一人ゆくわれを鳥の無慙さに射ちても見よと鉄柵に添ふ　（一六五ページ）

引用一首目も変わった韻律をたたえている。四句目までの「基地反対に闘ふ村の昼あかるく晴れわたり」という、「闘ふ村」の「あかるく晴れわた」る様子から、字余りと句割れを用いた「ひくき郭公のこゑ」が現れる。「あかる」いものから「ひく」いものへと、ここにも「揚げひばり」の歌のような反転の効用を見いだせるだろう。「郭公」の鳴き声があることによって、「あかるく晴れわた」るそこに無気味な静けさが響くのだ。

引用二首目でも同じく「郭公」を詠み込みながら、その「こゑ」は「消され」ていく。ここでもまた反転が起こっているようだ。作中の「われ」は「デモ」を「迎」えながら、一方で、消えていく「郭公」の声にも耳を澄ませている。

「デモ」と「郭公」の抱き合わせは、「試射場」と「揚げひばり」の奇妙な並列を思い起こさせる。巻頭歌から始まって、これらの〈鳥〉のモチーフの歌に共通しているのは、花鳥風月の一端として和歌から近代短歌の時代まで「抒情」豊かに詠われてきた〈鳥〉の姿はなく、内灘闘争を詠うことによってしか描かれえない〈鳥〉の姿が確認できるということだ。そこで〈鳥〉という生き物が担っているのは「反転」の契機、ここでは歌の情景に影を落とす、という役割である。同様に〈風〉も〈砂〉も、『内灘』によってしか描かれえない役割を果たしている。語り手が「叙事」に徹底しながら、そこに流れる新しい「抒情」とともに、『内灘』という唯一の物語が語られているのである。

ここでは〈女〉たちも、近代までのそれではない。

砂に坐す九割が漁夫《かこ》の妻らにて純粋なるは知らず怖れも　　（二五ページ）

歌集の冒頭部分で、「坐り込み」をおこなっているほとんどの人が〈女〉たちであることを、語り手は私たちに打ち明ける。男たちは出稼ぎ労働のために不在がちであり、内灘闘争は〈女〉たちが主体になって起こった稀有な反基地運動である。ここでは恐れるべきものが何かを知りえているからこそ、語り手はその「怖れ」を知らない作中の主体である〈女〉たち、「オカカ」たちの「純粋」さを語っている。自身もまたその運動に参加する〈女〉だった作者と、「怖れ」知らずの作中の主体、そしてそれらを俯瞰して「叙事」する語り手の分離を、ここに確認することができる。

顔灼けて襤褸をまとふ老漁婦の怒り湛へて砂ひくく坐す　（二四ページ）
鉄かぶとに警棒を擬して男二千が砂に坐しつつ思へるは何　（五〇ページ）

この二首は、「襤褸をまとふ老漁婦」と「鉄かぶとに警棒」姿の「男」、そして「怒り」を「湛へ」る「老漁婦」と、「何」を思っているのかわからない「男」たち、という、対比の構造が用いられている。引用二首目の結句「思へるは何」があることで、「老漁婦」たちの「怒り」が強くにじむ。しかし、語り手は決してその怒りに同調することなく、またそれをかきたてるわけでもなく、「叙事」を淡々と続けている。さらに、

「英雄的に闘ふ内灘村民に勝利と栄光あれ」在日朝鮮民主女性同盟の旗　（八一ページ）

「闘ふ内灘村民」のほとんどが内灘の〈女〉たち、「オカカ」たちであることは先にふれたが、ここで「英雄」と〈女〉たちという、言葉の表層的な意味のうえでは対立しているものが、この歌では一体化して語られている。語り手はそっと、「英雄」という言葉さえ男性のものであるということ、そしてそのことに対するささやかな違和感を、「女性同盟」という言葉と抱き合わせることによって、そして内

灘闘争を詠うことによって、私たちに示唆しているのではないだろうか。

〈風〉と〈砂〉とが詠み込まれている連作は最終章にも見受けられる。そこでは「砲」音や「行進」の足音、「坐り込み」による無言の抵抗、衝突時の群衆の怒号などが詠われたそれまでの章とは正反対の、闘いを終えたあとの内灘の光景が刻まれている。

けふありて明日は消えゆく風紋の美しければ踏まず佇ちたり　（一九六ページ）
鮮やかに砂におこせる風紋に昼舞ふ鳶が影を落とせり　（一九七ページ）
風紋が闘ふ日日の胸深く烙印なして永くのこれり　（一九八ページ）

ここでも、〈鳥〉は文字どおり「影を落と」す役割を果たしている。そして「風紋」の美しさに見入ってたたずむ作中の主体である〈われ〉とは別に、「明日は消えゆく」はずの「風紋」を闘いの「烙印」として、その美しい光景をある種の戒めとして物語る語り手がいる。ここにも、作中の主体とは距離を置く語り手の姿が浮かび上がってくるようである。

もっと多くの歌にふれたいところだが、紙幅の都合上、以上の鑑賞を通して、歌集『内灘』で起こっていたことをまとめたい。

『内灘』では、語り手がそれまでの安易な「抒情」を排し、技巧的な、徹底した「叙事」に努めていることがわかる。そこでは〈鳥〉や〈女〉、そして〈風〉や〈砂〉などのモチーフの、内灘闘争を詠うことによってしか描かれえない姿が描かれている。

ではいったい、高子はどのような意図で『内灘』を生み、具体的に何をしようとしたのだろうか。当時の高子が書き残した文章とあわせて考察に進もう。

4 考察とまとめ

高子が歌集『内灘』の「あとがき」で開口一番に唱えているのは「抒情の質と作家態度の問題」と、「形式と構成の問題」を前にした当時の歌壇への危機感である。

敗戦後私が短歌に対して持った疑問があった。

一つはこんなにも目まぐるしく変転きわまりない、祖国さえも失いそうな時代に、こんな自己の身辺ばかりをほそぼそ呟きのように何千何万人の歌人が飽きもしないでよみつづけていていいものだろうか。そしてその事にもそのものにもそれ相当の価値があるのだろうか。ということと、今一つはこのいかにも小さな、五句三十一音という形式に、なに程のことが言えるだろうか。（略）ということの二つの疑問だった。

第一の疑問は抒情の質と作家態度の問題に於て、第二の疑問は、形式と構成の問題に於て深く私をとらえていた。（略）

この二つの短歌に対する私の疑問は持ちつづけられ、遂に昨年夏の「内灘」軍事基地とりのけ闘争に至って、この二つの疑問の解明のため私は従来より一層大胆に体ごとぶつかって行った。その成果がこの歌集『内灘』である。[13]

戦後の高子が「短歌に対して持った疑問」の二つについては、当時唱えられていた短歌滅亡論や否定論に半ば同調するものだといえるだろう。さらにそこでは「私のしたことは果たして短歌の前進に多少とも役立っているのか、又反対に短歌の滅亡に一役買った事になるのか、私自身疑問に思っている。そのどちらでもあるような気がする」と続く。

これが完成されたものだなどとは決して思わないが、闘いの中に於てわたし自身がおのずから体得した一つの形式、方法であったことだけは言える。言って見ればかつて発生当時に於て集団的音楽詩であった短歌が、その後個人的記載詩として派生し、非常な長期にわたって私小説短歌とでもいうべき個人記載詩としてのみの価値しか持たなかったものを、民族的記載詩、又は民族的叙事詩にまで発展させるモメントをいささかながらつくったという事になるであろうか。[14]

ここでは、高子が歌壇の行く末を案じ、そこから「前進」し、「滅亡」から救うべく試行した「方法」として、短歌を「民族的記載詩、又は民族的叙事詩にまで発展」させたことを記している。ここには、最も有名な短歌滅亡論の一つであり、その後の歌壇でも課題でありつづけた釈迢空（折口信夫）の「歌の円寂する時」が念頭にあったといえるだろう。「改造」一九二六年七月号（改造社）の特集「短歌は滅亡せざるか」で発表されたそれは、短歌はすでに滅びかけているという論調のもとで、その原因の一つとして、ついに短歌は宿命的に「抒情詩」であって、「叙事詩」には進みえないことを挙げている。この「叙事詩」の可能性について、高子は繰り返し記している。次に引くのは、『内灘』刊行の半年前に発表された高子の評論「此処にも新しい芽生えがある」の冒頭の一文である。

さて短歌はその発生に於て、集団的音響詩であった事は誰も疑はないが、それが或時期に於て個人的記載詩として派生し、遂に今日にまで至つた事は周知の通りであり、しかもその個人的記載詩としての期間はまことに長く、その間短歌は或は遊戯化され、或は自慰の具と化し、又は権力奉仕の具となりつつ今日に至つたのである。(15)

ここでも高子は『内灘』の「あとがき」と同じ文脈で、短歌はかつて「集団的音響詩」だったものが、こんにちでは「個人的記載詩」へと変わってしまった、と記している。

短歌を亡ぼしつつあるものは誰なのか。他ならぬそれは歌人自身ではないのか。戦後短歌の抒情の中の死滅しつつあるもののみ幻の様に追ひつづけて袋小路へ短歌を追ひ入れつつあるものは誰か。短歌を面白くなくしつつあるものは誰なのか。又反対に芽生えつつあるもの、発展しつつあるものを考へて努力しつつあるものは誰なのか。この簡単にして明らかな根本の問題について一体誰々が血みどろになって考へてゐるのか。文学は誰のものなのか。そして何のためにあるべきものなのか。

> （略）
>
> 私は、人間解放の闘の中で生きることの質を見極め得る少数の人達だけが短歌を滅亡から救ふのだと信ずる。即ち、現実を正しく直視する事からのみ正しい批判はうまれ、批判は憤りをうみ、憤りは抵抗を伴ひ、抵抗は闘争のかたちを帯び闘争は進歩と発展を、即ち新しい歴史を生む。文学もそのままこの間に過程の中に発展させるのであって、この様な態度と生き方の中に捉へる以外、新しい文学の誕生はのぞみ得ない。短歌も他の文学と一般である。
>
> 短歌を亡びゆく現状の中におくのでなく、広い文学の原のただ中へ解放する方法は、この様な生き方の中で把握され、思考され創造される以外にはない。それは同時に短歌の世界をおし拡げることであり、短歌そのものをも生かすことでもある。
>
> 私は極言する。かつて民衆的集団的音楽詩であり、次には個人的記載詩として長く生きつづけて来た短歌は、今や民衆の叙事詩として社会的記載詩にまで解放されるのでなければ滅亡すること。(16)
>
> （傍点は引用者）

一部の引用だけでも、高子が短歌の「滅亡」の問題と必死に向き合っていることがうかがえるだろう。高子は短歌否定論を唱えた評論家たちと同様に「戦後短歌の抒情」の問題に危機感を覚え、さらに短歌を「個人記載詩」から「民族的記載詩、又は民族的叙事詩」として作り替えることの必要性を強く感じていたようである。そういった確信のもとで、短歌は「今や民衆の叙事詩として社会的記載詩にまで解放されるのでなければ滅亡する」とまで言いきっている。

つまり、高子は『内灘』によって、短歌を「民衆の叙事詩」として作り替えようとしたのではないだろうか。それが短歌という詩型を滅亡から救うための、唯一の手段だと考えたのだ。

そして「叙事詩」という、古来英雄伝としての役割を果たしてきた型において、歌集『内灘』ではその〈英雄〉としての立ち位置に〈女〉たち、「オカカ」たちがいる。つまり「叙事詩」としてもいささか特殊な構造を抱えているのだ。そのうえで、対滅亡論や否定論に応対する歌集として、そして短歌という詩型で、唯一無二の現象が詠われているといえるだろう。

それまでの短歌史では、〈女〉たち……「女流歌人」は、実はムーブメントの主体として認められることはなかった。それはアララギ派が歌壇を睥睨する近代短歌の時代から、一九九〇年代に起こる「短歌ニューウェーブ」までなお引き継がれている、といわれている。[17] このことを、「オカカ」たちが主体になった闘いを詠った『内灘』を前に、そっと言い添えておこう。

『内灘』で起こっていること、それは、「宿命的に抒情詩であって、ついに叙事詩には進みえない」ために滅亡を唱えられていた短歌という詩型で、「叙事詩」としての可能性が探求されていることである。

それは内灘という土地を守るための闘いが詠い上げられていると同時に、短歌という詩型を守り抜くための闘いをも引き受けたものだった。『内灘』は、内灘闘争のルポルタージュとしてだけではなく、短歌滅亡論や否定論に対抗すべく生まれた、革命の歌集でもあったのである。

注

（1）なお本章では、二〇一四年に星野尚美によって北国新聞社から刊行された芦田高子『歌集 内灘』を底本にした。以下、『内灘』と略記する。

（2）下山宏昭『雑草といえど……——灼熱の歌人・芦田高子』吉備人出版、二〇二三年、一一ページ。以下、芦田の略歴についてはこの書からの引用である。

（3）信夫澄子「民衆短歌のあゆみ」、窪田空穂／土岐善麿／土屋文明編『昭和短歌史』（「近代短歌史」第三巻）所収、春秋社、一九五八年

（4）渡邊順三『定本 近代短歌史』下、春秋社、一九六四年、三二二ページ

（5）蔵原惟人「文学批評当面の諸問題」、新日本文学会編『日本文学の現状とその方向——新日本文学会第七回大会報告集』所収、河出書房、一九五五年、一六一ページ

（6）小田切秀雄「文学をめぐって」『いやなことはいやだということ』（がくえん新書）、法政大学出版局、一九五五年、一八一ページ

（7）小田切秀雄「国木田独歩と石川啄木——国民の文学」『日本近代文学——近代日本の社会機構と文学』青木書店、一九五五年、一六一—一六二ページ

（8）杉浦明平「ヒロシマの短歌と俳句」「俳句」一九五五年十月号、角川書店、二八ページ

（9）窪川鶴次郎「短歌の将来」『近代短歌史展望』和光社、一九五四年、二七〇ページ

（10）小田切秀雄「歌の条件」「人民短歌」一九四六年三月号、新興出版社、臼井吉見「短歌への訣別」「展望」一九四六年五月号、筑摩書房、桑原武夫「第二芸術——現代俳句について」「世界」一九四六年十一月号、岩波書店、同「短歌の運命」「八雲」一九四七年五月号、八雲書店、小野十三郎「奴隷の韻律」「八雲」一九四八年一月号、八雲書店

（11）「幸い本歌集の為、学習院教授清水幾太郎先生が推薦文を書いてくださり、その他小倉金之助先生、作家の中野重治氏、佐多稲子氏、野間宏氏、又、評論家の小田切秀雄氏、宮城謙一氏、小松力氏らがまごころをこめて激励して下さったことをこの上ない力として感謝している」（『内灘』二五ページ）。また、高子は戦時下、内閣情報部の「ペン部隊」として中国に派遣され、小説『出征』（一九三九年）を執筆している。

（12）前掲『雑草といえど……』四八―四九ページ

（13）芦田高子「あとがき」、前掲『内灘』二〇四―二〇五ページ

（14）同文章二一〇―二一一ページ

（15）芦田高子「此処にも新しい芽生えがある」「日本短歌」一九五四年三月号、日本短歌社、二四ページ

（16）同記事二五ページ

（17）例えば、二〇一八年六月に開催されたシンポジウム「現代短歌シンポジウム ニューウェーブ30年」で、「ニューウェーブで男性四人〔加藤治郎、穂村弘、西田政史、荻原裕幸〕の名前はあがりますが、女性歌人で同じように考えられる人はいませんか」という千葉聡の質問に対して、パネリストの荻原裕幸が「論じられてないのでいません。それで終わりです」とだけ発言した。これを受けて、東直子からは「ニューウェーブ」という言葉によってくくられる短歌史の認識に関して、なぜ同時代に活躍した女流歌人が議論の俎上に載らないのか、という問題提起がなされたが、パネリストだった加藤治郎も穂村弘も「女性歌人をニューウェーブに入れる必要はない、歴史的な定義から言って無理だ」と述べるにとどまった。当時、そのシンポジウムに参加した睦月都は次のように意見している。

こういった〔「短歌のニューウェーブに女流歌人は入らないのか」という〕議論が起きてまず思い出されるのは前衛短歌のことだ。「前衛短歌」というタームはもっぱら塚本・岡井・寺山の

ものとなり、葛原や山中や中城ら、そこにはいなかったはずはない女性歌人たちが、定義上排除されてしまうこと。多くの女性歌人たちが、正史の中に確かな立ち位置をもたないこと。今回、荻原や加藤、穂村から「ニューウェーブはこの四人だ、女性歌人はいない」という宣言がなされた瞬間、まるで裁判官によって「短歌史」という見えない大きな書物の一頁に「正史認定」の重厚な判を押されたような、そんな錯覚を受けた。

（睦月都「歌壇と数字とジェンダー――または、「ニューウェーブに女性歌人はいない」のか？」「短歌往来」二〇一八年十二月号、ながらみ書房、一二三ページ）

あとがき

稲垣健志

二〇二四年一月一日、能登半島を中心に巨大地震が私たちを襲った。奥能登地域は壊滅的な被害を受け、いまも多くの方が過酷な生活を余儀なくされている。他方、あまり報道されていないが、内灘も地震の被害が深刻である。被災後しばらくの間、多くの住民が避難所に身を寄せ、筆者も一度炊き出しの手伝いをした。五木寛之は同年一月三十日付「日刊ゲンダイ」のコラム「流されゆく日々」のなかで、「今回の災害は、内灘にとっては米軍射爆場設置以来の苦難なのではあるまいか」(1)と記した。五木の見立てが適切かどうかはさておき、河北潟を埋め立てた地域が液状化によって深刻な状況をもたらしていることが、この地域の歴史を物語ってもいるのだ。闘争後、この地は河北潟を埋め立て、砂丘地を住宅街に変えて石川・金沢のベッドタウンとして「発展」してきた。今回の地震は、この町のそうした歴史をいま一度思い起こさせるものだった。あらためて、被災された方々に、そして現在も困難な生活を強いられている方々に心からのお見舞いを申し上げる。

本書ができあがるまでにはそれなりのプロセスがある。正確な日にちは覚えていないが、金沢美術工芸大学に着任して間もないころに風と砂の館を訪れた際、ボランティアスタッフにアメリカ軍施設の一部が残っていることを教えてもらい、着弾地観測所跡にいってみた。実際に見たことがある人ならわかるだろうが、とにかくあの「見た目」に圧倒される。東アジアの地政学的環境（の記憶）を生々しく伝える異様な形をしたコンクリートの建物、ここで展覧会をやったら面白いかもしれない。きっかけは、その程度の思いつきだ。この展示をやったらどうなるのか、学術的意義は何か、そんな予測可能なことを求めて、この展示を企画したわけではない。「まずはやってみる。話はそれからだ」。そんな思いでフライングぎみに企画したのが一回目の「内灘闘争――風と砂の記憶」展（二〇一八年）だった。本文でもふれたが、この展示は二〇二一年と二二年にも開催した。また、所属するカルチュラル・スタディーズ学会の年一回のイベントである「カルチュラル・タイフーン」でも何度か内灘闘争に関するシンポジウムや展示をおこなった。とりわけ、金沢市で開催した「カルチュラル・タイフーン2021」では、メインシンポジウムの一つとして「「裏日本」から戦後を再考する――「内灘闘争――風と砂の記憶」展をめぐって」を企画し、本書にも寄稿している本康宏史・小笠原博毅・星野太・高原太一各氏に加えて、内灘砂丘ボランティアの多田美代さんにも登壇してもらった。また、内灘町が主催する内灘砂丘フェスティバルでも二度、内灘闘争のシンポジウムに登壇した。町が主催するものだけではない。内灘町の有志による内灘闘争七十年記念事業実行委員会に加えてもらい、「内灘闘争七十年記念事業 風と砂の記憶を紐とき紡いでいく」という三百人を超える参加者を記録した大きなイベントを開催できたことは本当に感慨深い。ほかにも、ここには書ききれないほどのイベントや勉強会を開いたり招いてもらったりした。こうした活動の（いったんの）着地が本書である。関係していただいたみなさんに感謝を申し上げる。

それにしても、何がどうなってこうなったのか。自称「イギリス文化研究者」が『内灘闘争のカルチュラル・スタディーズ』なる本書を編むことになった。いや、私だけではない。本書の筆者のほとんどが、いわゆる「内灘闘争の専門家」ではない。そのことに対する批判はあるだろう。「アマチュアのくせに」「素人に何がわかる」と。それはそのとおり、おっしゃるとおりなのだが、沖縄の現状を突き付けられている私たちは、黙っていられないのだ。アマチュアだから、専門家じゃないからと二の足を踏んでいる時間はないのだ。「イギリス研究者が内灘の話をするな」「漁師なのに医療の話をするな」「選挙権ないのに政治の話をするな」「石川県民が沖縄の話をするな」。そんな問題ではないのだ。そもそも、ある事象についてアマチュアであるというのは、いったいどういうことなのだろうか。かつてエドワード・サイードは、『知識人とは何か』に収めている「専門家とアマチュア」という文章でこう書いている。

アマチュアリズムとは、文字どおりの意味をいえば、利益とか利害に、もしくは狭量な専門的観点にしばられることなく、憂慮とか愛着によって動機づけられる活動のことである。

現代の知識人は、アマチュアたるべきである。アマチュアというのは、社会のなかで思考し憂慮する人間のことである。(2)

そう、私たちは基地問題を憂慮しているアマチュアなのだ。いや、アマチュアであるべきなのだ。そして、これは私たちだけの話ではない。「プロ市民」などと呼ばせないためにも、「専門家の声」にかき消されないためにも、この問題を憂慮するアマチュアが、それぞれの立場、場所、やり方で声を上げていかなければならない。いや、すでにいまこの瞬間も、沖縄で、国会議事堂前で、全国各地でスタンディングし、声を上げているアマチュアたちがいる。圧倒的な国家暴力と醜悪な冷笑主義《シニシズム》にさらされながら、それでもなお立ち続ける人たちがいる。本書をそんな人たちに届けたい。基地問題に対するコミットの仕方は一つではないし、一つであるべきでもない。私たちは行動の仕方もバラバラであり、思い描いていているビジョンも違うだろうし、温度差もあるだろう。私たちは一つではないかもしれない。しかし、寄り添い、伴走することはできるはずだ。

「そんなことやってるのって、ただの自己満足でしょｗ」「国の決定に抗っても無意味（笑）」。そうした冷笑が（とくにＳＮＳを通じて）この問題の周辺には蔓延している。いや、この問題だけではない。醜悪な笑いが社会のあらゆるところにはびこっている。私たちの社会をむしばむこの「冷笑」について、サイードは先ほどと同じ文章で、オスカー・ワイルドの言葉を引きながら、こう書いている。

　冷笑家とは、すべてのものの値段は知っていても、どんなものの価値も知らない人間のことなのだから。(3)

私たちは価値を知る人間でありたい。

最後に、本書の企画意図を受け止め、寄り添い、伴走してくれた青弓社の矢野未知生さんにお礼を申し上げます。

注

(1) 五木寛之「流されゆく日々 連載11792回 能登、そして内灘」「日刊ゲンダイ」二〇二四年一月三十日付、九ページ

(2) エドワード・W・サイード『知識人とは何か』大橋洋一訳(平凡社ライブラリー)、平凡社、一九九八年、一三六ページ

(3) 同書一一六ページ

［著者略歴］

本康宏史（もとやす ひろし）
金沢星稜大学経済学部特任教授
専攻は日本近代史、地域史
著書に『軍都の慰霊空間』（吉川弘文館）、『からくり師 大野弁吉とその時代』（岩田書院）、『百万石ブランドの源流』（能登印刷出版部）、編著に『古地図で楽しむ金沢』（風媒社）など

小笠原博毅（おがさわら ひろき）
神戸大学大学院国際文化学研究科教授
専攻は社会学、カルチュラル・スタディーズ
著書に『セルティック・ファンダム』（せりか書房）、『真実を語れ、そのまったき複雑性において』（新泉社）、論文に「他性の思考」（「思想」2025年2月号）など

星野 太（ほしの ふとし）
東京大学大学院総合文化研究科准教授
専攻は美学、表象文化論
著書に『崇高と資本主義』（青土社）、『食客論』（講談社）、『崇高のリミナリティ』（フィルムアート社）、『美学のプラクティス』（水声社）、『崇高の修辞学』（月曜社）など

高原太一（たかはら たいち）
成城大学研究機構グローカル研究センター・ポストドクター研究員／大学非常勤講師
専攻は日本近・現代史、カルチュラル・スタディーズ
論文に「砂川闘争と北多摩」（「グローカル研究」第9号）、共著論文に「子どもの生活綴方・版画文集から何が読み解けるのか」（「グローカル研究」第10号）など

板倉史明（いたくら ふみあき）
神戸大学大学院国際文化学研究科教授
専攻は映画学、フィルム・アーカイビング
著書に『映画と移民』（新曜社）、編著に『神戸と映画』（神戸新聞総合出版センター）など

井上法子（いのうえ のりこ）
歌人
東京大学大学院総合文化研究科言語情報科学専攻博士課程単位取得満期退学
著書に『永遠でないほうの火』『すべてのひかりのために』（ともに書肆侃侃房）など

［編著者略歴］
稲垣健志（いながき けんじ）
金沢美術工芸大学美術工芸学部准教授
専攻はイギリス現代史、イギリス文化研究
編著に『ゆさぶるカルチュラル・スタディーズ』（北樹出版）、論文に「カルチュラル・スタディーズを裏返す」（「年報カルチュラル・スタディーズ」第10号）、訳書にガルギ・バタチャーリャ『レイシャル・キャピタリズムを再考する』（人文書院）など

内《うち》灘《なだ》闘《とう》争《そう》のカルチュラル・スタディーズ
アメリカ軍基地をめぐる風と砂の記憶

発行 ―――― 2025年5月1日　第1刷
定価 ―――― 3400円＋税
編著者 ――― 稲垣健志
発行者 ――― 矢野未知生
発行所 ――― 株式会社青弓社
〒162-0801 東京都新宿区山吹町337
電話 03-3268-0381（代）
https://www.seikyusha.co.jp
印刷所 ――― 三松堂
製本所 ――― 三松堂

ISBN978-4-7872-3557-2　C0036